颱風解密

你也可以做天氣達人！

岑智明 主編

香港氣象學會 統籌

萬里機構

推薦序 ㊀

欣聞香港氣象學會繼《觀雲識天賞光影》，再接再厲出版《颱風解密：你也可以做天氣達人！》，讓普羅市民以至中小學生多點認識熱帶氣旋這個現象，謹致祝賀。

西北太平洋的熱帶氣旋每年總會在香港附近掠過幾次，歷史上更多次為香港造成風災，因此我們必須認識熱帶氣旋以及知道怎樣去應對，才能減少傷亡，以及避免我們辛苦積累的經濟成果給熱帶氣旋毀掉。

熱帶氣旋的科學內容豐富複雜，本書秉承《觀雲識天賞光影》的風格，以簡約文字和大量精美圖片，把艱深的題目化為容易消化的內容，讀者在不知不覺間就吸收了知識；大家可以憑閱讀所得，聽懂香港天文台熱帶氣旋警告的內容，看懂香港天文台網上發出的大量氣象信息，能夠自主掌握熱帶氣旋逼近時天氣形勢的轉變，知所應對，趨吉避凶。

本書的特色是貼地，文稿由本地擁有豐富預測經驗的人員執筆，包括親身經歷「扯風球」的天文台前台長，因此取用了對香港有實用價值的角度，這邊廂講基本科學，那邊廂就談與香港有關的內容，例如風眼過境、「東登、西登」、「豬腰、沙灘波」、「擋風、擋雨、擋水」等，還回答了很多民間多年來問了又問的問題，如「李氏力場」、「台長自殺」、「核彈炸散颱風」等，科學之外還有趣味，由頭看到尾，全書味道十分香港！

本書不只是盯着眼前，還提醒我們氣候變化之下，熱帶氣旋的影響有多方面的變化，對香港的威脅有增無減，一定程度制約了城市未來發展的方向，這是讀者應該留意的部分。

感謝香港氣象學會為科學普及和推動防災備災所作的努力，願望廣大市民閱讀本書後能夠更好的裝備自己，面對未來的風雨。

林超英

香港天文台前台長
香港氣象學會前會長
2022 年 7 月 3 日

推薦序 ㈡

作為沿海的一個大城市，香港每年都會迎來不少颱風，無論這些颱風是正面吹襲，還是擦身而過，都有機會造成很大的破壞、甚至傷亡。雖然大部分受僱人士最關心的是高風球的懸掛時間，但也有不少人想了解更多關於颱風的科學、監測和預報等課題。

半個世紀之前，我已對相關領域非常感興趣，可惜當時關於颱風的書籍幾乎沒有，就是這一份好奇心，加上機緣巧合，我的博士論文就是研究導致颱風移動的原因，及後從事颱風研究數十年至今。今天，發達的資訊讓很多人從不同的媒體上增加了對颱風的認識，但這些知識還是很零碎不全的；正如很多年前，我曾在報章的科學專欄裏寫過一些短文，介紹這個範疇的知識，但每次的題目都不一樣，而且僅僅數百字，讀者只可能認識颱風的一丁點兒。要全方位了解颱風，我們需要一本有系統地介紹颱風的書，內容也應從科普和通俗的角度出發，讓只有基本科學知識的朋友也能讀懂。雖然坊間也有一些關於颱風的科普書籍，但聚焦在影響香港的颱風卻很少。因此，這本由天文台前台長岑智明先生主編的《颱風解密：你也可以做天氣達人！》剛好填補了這個空缺。

從本書先介紹了颱風的分類、命名和香港在過去一百多年如何發放颱風預警的訊息，已經看到作者們在資料搜集方面下了很多功夫；之後作者們更以深入淺出的方法，解釋了颱風的結構、生成、發展、移動

和消亡的基本物理過程；而要發出比較準確的颱風預警，首先要通過不同的觀測手段監察颱風的位置、強度、風力分佈和降水，然後把收集到的資料送到天氣預報模式中，利用超級電腦去計算未來天氣的變化，從而預報颱風的走勢和演變過程，書中對這一切皆有詳細的表述。很多人會問，有了這麼多資料，又有超級電腦，為甚麼預報颱風的路徑、強度、大雨的分佈還不時有誤差？書中也逐一為大家解答這些問題。作者們用了不少篇幅，詳細描述颱風可以造成的破壞，尤其是一些曾經影響香港特別厲害的颱風，讓我們可以鑑古知今，對比歷史和現在的情況。在未來全球暖化的背景下，影響香港的颱風又會有甚麼的變化？我們又應該如何應對？這些問題，書中也給了一些很重要的看法。除了這些系統性的論述，我也十分欣賞「香港颱風十大迷思」一章，為大家解答疑問。

本書內容豐富，文字淺白，加上大量的插圖，使讀者很容易明白一些和颱風相關的艱深現象和理論。它絕不只是一本教科書，而是一本悠閒的興趣讀物，讓讀者覺得趣味無窮，愛不釋手。朋友們如有興趣了解關於颱風，尤其是影響香港的颱風的一切，《颱風解密：你也可以做天氣達人！》是一本不容錯過的好書。

陳仲良

香港城市大學榮休教授
前世界氣象組織熱帶氣象研究工作組熱帶氣旋小組主席
前中國氣象局上海颱風研究所兼職所長
2022 年 7 月

推薦序 ㊂

說起颱風，不期然想到范仲淹《岳陽樓記》中的數句：「陰風怒號，濁浪排空；日星隱耀，山岳潛形。」雖然文中描述的是岳陽樓景色，但亦頗貼切地形容打風時的情況。當掛 8 號或以上風球時，狂風大雨帶來的震撼，令人難忘。

童年時住徙置區，閒時喜到鄰家玩耍。當聽到鄰居家長說「天文台掛5 號風球喇」，便要乖乖返家，而各家各戶亦齊齊把室外易被吹倒的東西移入屋內。大家有沒有經歷過 5 號風球呢？有的話，相信是比較「資深」的讀者了。其實，早年曾經有 5 至 8 號風球，這些信號表示香港將分別吹不同方向的烈風。當聽到 5 至 8 號風球，就代表有熱帶氣旋逼近，香港風勢將變得猛烈，大家需要盡快去到安全地方，避免留在戶外。這些信號在 1973 年被 8 號烈風或暴風信號所取代。

香港的熱帶氣旋警告信號系統，經過百多年的演變，現今市民大多熟習在甚麼熱帶氣旋信號時採取甚麼相應的預防措施。這是非常重要，因為較強的熱帶氣旋可以帶來嚴重的災害和破壞，能夠適時採取預防措施，才可趨吉避凶。

過去兩個世紀，香港經歷過不少次風災，戰前的有 1874 年的甲戌風災、1900 年的庚子風災、1906 年的丙午風災及 1937 年的丁丑風災，戰後的有 1962 年的颱風「溫黛」、1971 年的颱風「露絲」，以

至 2017 年的超強颱風「天鴿」和 2018 年的超強颱風「山竹」。香港的基建多年來不斷發展和加強，由風災引致的人命傷亡數字已經大大減少，但是颱風帶來的破壞依然可以很嚴重。在氣候變化的背景下，未來較強的熱帶氣旋的比例會增加，與其相關的降雨亦會增加。可以預期，熱帶氣旋未來的影響，會有增無減。故此，我們需要對熱帶氣旋加深認識，才有助防災減災。

很高興前香港天文台台長及香港氣象學會前會長岑智明先生，連同莊思寧博士和莊民諾先生共同編著這本《颱風解密：你也可以做天氣達人！》，深入淺出的介紹各種與熱帶氣旋有關的科普知識，亦感謝林學賢博士協助編輯工作。岑先生從事氣象工作超過 30 年，任台長期間曾處理多個 10 號風球，有「吸風台長」之稱，擁有豐富的熱帶氣旋知識，對歷史風災亦素有研究。林博士、莊博士和莊先生均是天文台的科學主任，有多年天氣預報的實戰經驗，經歷過不少熱帶氣旋。幾位專家今次攜手合作，為大家解密颱風的知識，有系統的介紹熱帶氣旋的種類、其生成的機制、其帶來的影響、歷史風災的資訊和紀錄，以至預測熱帶氣旋的方法和氣候變化對熱帶氣旋的影響等等，內容相當豐富。相信大家看過這本書後，對熱帶氣旋會有更深入的認識，亦會成為認識颱風的天氣達人！

鄭楚明

香港天文台台長
香港氣象學會會長
2022 年 7 月

編者序 ㈠

感謝主編岑智明先生與鄭楚明會長讓我能夠參與《颱風解密：你也可以做天氣達人！》一書的編輯工作。與有榮焉。説來也算是朝着我的兩個目標走近了一步。

第一個目標是寫書。自小已喜歡把沒用完的作業簿拿來製成自己的故事書，可能也曾奢望過要當文學作家。隨着閱歷漸長，開始領悟能寫出偉大作品的名家，他們內心的掙扎和煎熬往往不足為外人道，於是再也不敢追求。剛巧天文台新開「天氣隨筆」專欄，姑且放膽一試，另闢獨特風格的科普文章。曾把颱風生成的條件比喻成一場球賽，自得其樂之餘，也算小有迴響。

第二個目標則是希望「貼地」推廣科普知識。2011 年日本 311 大地震期間，我正旅居鹿兒島，距離災區較遠，其實連地震也不曾感受到，生活如常。從新聞中看到即使是受影響的居民，仍然保持秩序，冷靜應對；反之千里之外的香港卻出現了「盲搶鹽」等怪現象，正是恐懼源於無知。另一方面，對於來勢洶洶的颱風，不少香港人卻又竟敢追風逐浪，輕視生命，使人感到既可笑又可嘆。正所謂「知己知彼，百

戰百勝」，我深信要做到有效的防災減災工作，科學知識之普及尤其重要。希望略盡綿力，讓大眾能以各種知識裝備自己，事半功倍地應對自然災害。

若讀者們透過此書，對颱風有多一點了解，或對科學有多一點興趣，說不定世界也會變得美好一點。

莊思寧

香港氣象學會司庫
天文台科學主任
2022 年 7 月

編者序 ㈡

執筆之時，正值颱風「暹芭」襲港。主要預報中心初期僅預測暹芭會以熱帶風暴強度，登陸廣東西部一帶，最終暹芭卻增強為颱風，更為香港帶來了一個「遠距」的 8 號風球。

天氣不似預期，正是我小時成為氣象迷的原因之一。颱風和暴雨的發展有隨機性，預報模式未必每次都掌握得好，所以不時會帶來「驚喜」。2012 年的「韋森特」，是我早期印象最深刻的熱帶氣旋。這個「韋少」在香港以南原地打轉一天後，出乎意料地北跳和急劇增強，塵封 13 年的 10 號風球就這樣重現，可見即使是一兩天的路徑和強度預測，變數也可以很大！（欲知韋森特為何急劇增強，請看內文。）

為了學會預測颱風，當時的我會利用網上資源自修氣象知識，並透過每次「追蹤颱風」累積經驗。運用雷達衛星數據作定位和分析、使用模式結果做預測，這些固然是颱風預報的基本功。然而，在有限的時間以有限的資訊作決定，與預報團隊溝通合作，以合適的文字發佈信息避免誤會，以及正確應用氣象知識和傳統智慧，是我成為天文台預報員後才學到的。

隨着近年氣象網站和應用程式的興起，坊間越來越容易獲得氣象資訊，以至電腦模式運算結果。不過，網上偶爾會出現一些基於個別模式結果的「標題黨」文章，如「美國模式預測颱風下週闖入香港 800 公里」，實在莫名其妙。這本書嘗試以深入淺出和圖像化的形式，全方位為大家介紹熱帶氣旋的基礎知識和歷史，順道「揭秘」天文台分析和預測颱風的方法，讓各位讀者能在「風再起時」從容以對，成為「天氣達人」！

很榮幸得到氣象學會推薦，與主編岑智明先生和兩位天文台前輩、專家合作，一起參與《颱風解密：你也可以做天氣達人！》的編著工作。作為天文台職員和氣象迷，首次以書本形式向大眾推廣熱帶氣旋知識，對筆者來説是一個里程碑，具有雙重意義。

莊民諾

香港天文台科學主任
香港氣象學會會士
2022 年 7 月

編者序 ㊂

生於七十後的我，對天氣異常喜好，3 歲立志入天文台工作，是個不折不扣的氣象真心膠。兒時家住深水埗，窗戶面向東南兩側，當風非常，每當 8 號風球高掛，風向一轉，鋼窗例必入水，總愛在貼上交叉紙條的窗戶上，用鉛筆或原子筆桿當水撥，自娛一番。颱風來襲，追風用的私伙架生必不可少：自製 3D 紙風球、有包書膠的「熱帶氣旋路徑圖」、水筆、圓規、間尺，手執收音機，收聽每小時 15 分、30 分、45 分和 58 分的風暴消息，摘下經緯度，追蹤風暴動向，做其預測，過其台長癮。久而久之，對颱風的脾性也略有心得，每次有風暴靠近，親戚朋友們總愛追問會否「打成」。對兒時的我來說，打風是又愛又恨，愛的是非常享受過程，自我感覺良好，恨的是時間太短，未能盡興。如果年輕四十年，那麼在紅磡碼頭被訪問的追風者可能是我！

上天待我不薄，赴笈海外期間沒有錯過任何一個 10 號風球，懂性後的「荷貝」、「愛倫」、「約克」、「韋森特」、「天鴿」和「山竹」，都一一經歷過。回港後學以致用，明白颱風預報並不是一支筆、一把尺就能做到，了解模式有不確定性和局限性，也不是靈丹妙藥，用有限篇幅把心中的預報寫成普羅市民明白的語言更是非一般的任務。今次香港氣象學會出版《颱風解密：你也可以做天氣達人！》一書，正好提供機會，透過文字與圖片，以氣象人的身份向大眾介紹熱帶氣旋與香港之間的微妙拉扯關係。有幸與主編岑智明先生和兩位在預報中心跟颱風搏鬥過的同袍合作，參與其中，與有榮焉。

林學賢

香港氣象學會副會長
香港天文台科學主任
2022 年仲夏

主編的話

2020 年，香港氣象學會首次出版氣象科普書《觀雲識天賞光影》，希望藉着分享美麗的雲彩，透過很有欣賞價值的照片和簡潔的文字，將氣象知識帶給普羅大眾。出版以來得到不少讀者青睞，去年已經發行增訂版。

推廣《觀雲識天賞光影》時亦得到各方好友支持，STEM Sir 鄧文瀚先生是其中一位。STEM Sir 積極入學校、上電視，用大家在日常生活中遇到的事物向學生推廣 STEM 知識，甚有成效。在 STEM Sir 的鼓勵和協助下，我們向萬里機構建議出版一本關於颱風的科普書，結果一拍即合。《颱風解密：你也可以做天氣達人！》就此誕生。

選擇以颱風為題，主要是考慮到香港每年都會受颱風侵襲，若能將颱風知識帶給讀者，定必有助提升防災意識。而且，過去幾年超強颱風「天鴿」和「山竹」對粵港澳大灣區的影響巨大，大家仍然記憶猶新，自然亦會非常關心如何應對。正所謂打鐵趁熱，氣象學會同仁一致贊成採用這個題目。

憑個人之力難以完成沉重的編寫工作，有幸得到現任氣象學會會長鄭楚明博士支持，並邀得三位氣象達人協助分擔撰寫和編輯工作，才能不負所託。更感謝萬里機構在圖像繪製方面給予全力支持，配合文稿內容以清晰的圖像將科學概念表達出來，可謂相得益彰。

有鑑於近年坊間每每在颱風襲港期間就會流傳一些似是而非的信息，例如「李氏力場」、貨櫃碼頭風暴消息等，本人亦特意寫了一章「香港颱風十大迷思」，趁此機會向大家解說清楚，以正視聽。

最後，衷心感謝前台長林超英先生、香港城市大學榮休教授陳仲良博士和香港氣象學會會長鄭楚明賜序。

希望大家喜歡此書！

岑智明

香港天文台前台長
香港氣象學會前會長
2022 年 7 月

颱風解密：你也可以做天氣達人！

目錄

第一章

甚麼是
熱帶氣旋？

p19

第二章

颱風生與死

p45

第三章

解構颱風

p65

第四章

變化莫測的
颱風路徑

p85

第五章

颱風對香港
的影響力

p107

天文台總部懸掛 10 號颶風實體信號。（圖片來源：香港天文台）

甚麼是熱帶氣旋？

熱帶氣旋對我們的生活有着不同程度的影響，
我們首先要對「她」有所了解。

在本章節裏，我們將認識颱風的種類、如何命
名，以及香港懸掛風球信號的歷史等，讓各位
對熱帶氣旋加深知識，知己知彼。

熱帶氣旋是大型的渦漩系統，主要在熱帶或副熱帶海洋上形成。熱帶氣旋中心的氣壓較四周低，中心附近的風力亦較高。較強的熱帶氣旋會有明顯的螺旋雲雨帶圍繞其中心旋轉，中心亦可能出現圓形風眼。在北半球，熱帶氣旋以逆時針方向旋轉。在南半球，熱帶氣旋則以順時針方向旋轉。

圖 1.1：2018 年 9 月 13 日位於北半球的超強颱風「山竹」，可見螺旋雲帶以逆時針方向旋轉。（圖片來源：日本氣象廳向日葵 8 號衛星）

圖 1.2：2020 年 4 月位於南半球的五級強烈熱帶氣旋「哈羅德」，可見其旋轉方向為順時針。（圖片來源：世界氣象組織）

熱帶氣旋有哪些種類？

不同強度的熱帶氣旋都有不同的名稱。按照世界氣象組織的建議，熱帶氣旋以其中心附近的最高持續風速來進行分類。

香港採用的分類定義以 10 分鐘平均風速為根據，從 2009 年開始分為以下六個種類，分別是**熱帶低氣壓**、**熱帶風暴**、**強烈熱帶風暴**、**颱風**、**強颱風**及**超強颱風**。

表 1.1：熱帶氣旋的分類

熱帶氣旋類別	接近風暴中心之最高持續風力	蒲福氏風級
熱帶低氣壓	每小時 41 至 62 公里	6 至 7 級
熱帶風暴	每小時 63 至 87 公里	8 至 9 級
強烈熱帶風暴	每小時 88 至 117 公里	10 至 11 級
颱風	每小時 118 至 149 公里	12 級或以上
強颱風 *	每小時 150 至 184 公里	
超強颱風 *	每小時 185 公里或以上	

* 2009 年新增的等級，2008 年或以前同被歸類為颱風。

國際上有時會以「節」（knot）作為描述風速的單位，又稱為「海浬 / 每小時」，一節約等於每小時 1.852 公里。

6 給熱帶氣旋改名

由 1952 年開始，香港採用了駐關島美軍制定的西北太平洋熱帶氣旋名單。最初，熱帶氣旋的名字都是以女性的英文名字命名，因此當時大眾有把熱帶氣旋稱為「風姐」的習慣。自 1979 年起，男女英文名字交替應用於熱帶氣旋命名上（表 1.2）。

2000 年 1 月 1 日開始，西北太平洋的熱帶氣旋使用新的名單命名。新名單由「颱風委員會」（Typhoon Committee）的會員提供，14 個國家或地區（包括香港）各自提供 10 個名字，組成了共 140 個名字的名單（表 1.3，為 2022 年版本）。

這些新名字反映了不同國家或地區的特色，當中雖然有幾個男女名字，但相當多是花卉、動物、鳥類、樹木、星座、地名甚或食物的名稱，更有少數是形容詞；而且名字並不是根據其英文字母的次序而排列，而是根據提供國家或地區的英文字母的次序而排列。

以前熱帶氣旋往往被稱為「風姐」。

當西北太平洋及南海有熱帶氣旋達到熱帶風暴強度時，日本氣象廳的東京熱帶氣旋「區域專業氣象中心」（Regional Specialized Meteorological Centre）會負責按照名單上的順序為熱帶氣旋命名。

安茵	ANN	雅貝爾	ABEL	艾碧	AMBER	雅歷士	ALEX
巴特	BART	貝芙	BETH	秉格	BING	寶絲	BABS
錦雯	CAM	卡路	CARLO	卡絲	CASS	卓拔	CHIP
丹尼	DAN	汀露	DALE	大衞	DAVID	丹安	DAWN
伊芙	EVE	安里	ERNIE	艾娜	ELLA	艾非斯	ELVIS
法蘭基	FRANKIE	芳雅	FERN	斐歷士	FRITZ	菲芙	FAITH
姬羅莉亞	GLORIA	格雷	GREG	珍芝	GINGER	格爾	GIL
赫拔	HERB	漢娜	HANNAH	漢奇	HANK	希麗達	HILDA
伊恩	IAN	伊莎	ISA	艾雲	IVAN	愛莉絲	IRIS
載儀	JOY	占美	JIMMY	鍾茵	JOAN	雅各	JACOB
卻克	KIRK	姬莉	KELLY	祈輔	KEITH	姬蒂	KATE
麗莎	LISA	利維	LEVI	蓮達	LINDA	利奧	LEO
馬田	MARTY	曼莉	MARIE	莫特	MORT	瑪姬	MAGGIE
麗潔	NIKI	尼士達	NESTOR	麗歌	NICHOLE	尼爾	NEIL
奧臣	ORSON	奧蓓	OPAL	奧圖	OTTO	奧嘉	OLGA
佩萍	PIPER	彼德	PETER	彭妮	PENNY	保羅	PAUL
歷克	RICK	露絲	ROSIE	雷士	REX	慧卓茹	RACHEL
莎莉	SALLY	史葛	SCOTT	斯蒂娜	STELLA	森姆	SAM
湯姆	TOM	天娜	TINA	杜特	TODD	泰妮亞	TANYA
維奧莉	VIOLET	維克托	VICTOR	慧姬	VICKI	維賽爾	VIRGIL
威利	WILLIE	芸妮	WINNIE	華爾多	WALDO	芸蒂	WENDY
雅芝	YATES	尤里	YULE	茵妮	YANNI	約克	YORK
贊寧	ZANE	思蒂	ZITA	謝柏	ZEB	思雅	ZIA

表 1.3：2022 年起生效的西北太平洋及南海熱帶氣旋名字

來源	名稱				
束埔寨 **Cambodia**	達維 Damrey	安比 Ampil	康妮 Kong-rey	羅莎 Krosa	娜基莉 Nakri
	美莎克 Maysak	科羅旺 Krovanh	燦都 Chanthu	翠絲 Trases	納沙 Nesat
中國 **China**	海葵 Haikui	悟空 Wukong	銀杏 Yinxing	白鹿 Bailu	風神 Fengshen
	海神 Haishen	杜鵑 Dujuan	電母 Dianmu	木蘭 Mulan	海棠 Haitang
朝鮮 **DPR Korea**	鴻雁 Kirogi	雲雀 Jongdari	桃芝 Toraji	楊柳 Podul	海鷗 Kalmaegi
	紅霞 Noul	舒力基 Surigae	蒲公英 Mindulle	米雷 Meari	尼格 Nalgae
中國香港 **Hong Kong, China**	鴛鴦 Yun-yeung	珊珊 Shanshan	萬宜 Man-yi	玲玲 Lingling	鳳凰 Fung-wong
	白海豚 Dolphin	彩雲 Choi-wan	獅子山 Lionrock	馬鞍 Ma-on	榕樹 Banyan
日本 **Japan**	小犬 Koinu	摩羯 Yagi	天兔 Usagi	劍魚 Kajiki	天琴 Koto
	鯨魚 Kujira	小熊 Koguma	圓規 Kompasu	蝎虎 Tokage	山貓 Yamaneko
老撾 **Lao PDR**	布拉萬 Bolaven	麗琵 Leepi	帕布 Pabuk	藍湖 Nongfa	洛鞍 Nokaen
	燦鴻 Chan-hom	薔琵 Champi	南川 Namtheun	軒嵐諾 Hinnamnor	帕卡 Pakhar
中國澳門 **Macau, China**	三巴 Sanba	貝碧嘉 Bebinca	蝴蝶 Wutip	琵琶 Peipah	西望洋 Penha
	琵鷺 Peilou	煙花 In-fa	瑪瑙 Malou	梅花 Muifa	珊瑚 Sanvu

來源	名稱				
馬來西亞 **Malaysia**	杰拉華 Jelawat	普拉桑 Pulasan	聖帕 Sepat	塔巴 Tapah	鸚鵡 Nuri
	浪卡 Nangka	查帕卡 Cempaka	妮亞圖 Nyatoh	苗柏 Merbok	瑪娃 Mawar
米克羅尼西亞 **Micronesia**	艾雲尼 Ewiniar	蘇力 Soulik	木恩 Mun	米娜 Mitag	森拉克 Sinlaku
	沙德爾 Saudel	尼伯特 Nepartak	雷伊 Rai	南瑪都 Nanmadol	古超 Guchol
菲律賓 **Philippines**	馬力斯 Maliksi	西馬侖 Cimaron	丹娜絲 Danas	樺加沙 Ragasa	黑格比 Hagupit
	紫檀 Narra	盧碧 Lupit	馬勒卡 Malakas	塔拉斯 Talas	泰利 Talim
韓國 **RO Korea**	格美 Gaemi	飛燕 Jebi	百合 Nari	浣熊 Neoguri	薔薇 Jangmi
	簡拉維 Gaenari	銀河 Mirinae	鮎魚 Megi	奧鹿 Noru	杜蘇芮 Doksuri
泰國 **Thailand**	派比安 Prapiroon	山陀兒 Krathon	韋帕 Wipha	博羅依 Bualoi	米克拉 Mekkhala
	艾莎尼 Atsani	妮妲 Nida	暹芭 Chaba	玫瑰 Kulap	卡努 Khanun
美國 **U.S.A.**	瑪莉亞 Maria	百里嘉 Barijat	范斯高 Francisco	麥德姆 Matmo	海高斯 Higos
	艾濤 Etau	奧麥斯 Omais	艾利 Aere	洛克 Roke	蘭恩 Lan
越南 **Viet Nam**	山神 Son-Tinh	潭美 Trami	竹節草 Co-may	夏浪 Halong	巴威 Bavi
	班朗 Bang-lang	康森 Conson	桑達 Songda	桑卡 Sonca	蘇拉 Saola

在香港提供的名單中，「珊珊」是向奧運金牌得主「風之后」李麗珊致敬而取名。而「鴛鴦」、「白海豚」和「獅子山」是在 2005 年舉辦的命名比賽中被採用的名字，當時市民建議的名字還包括「菠蘿包」。

給熱帶氣旋命名

哪些名字會被停用？

根據颱風委員會的慣例，對於一些造成重大人命傷亡和經濟損失的熱帶氣旋，受影響的國家或地區可以建議停用這些名字，例如 2018 年 9 月超強颱風「山竹」，在吹襲呂宋期間造成最少 82 人死亡、138 人受傷及兩人失蹤，約 15,000 間房屋倒塌；「山竹」也為珠江口沿岸帶來破壞性的風力及嚴重的風暴潮，多處建築物及沿岸設施受損，導致低窪地區嚴重水浸；香港及澳門也分別有 458 人及 40 人受傷；在廣東、廣西、海南、貴州及雲南地區，「山竹」亦造成至少 6 人死亡，接近 330 萬人受災。其後，「山竹」被新名字「山陀兒」所取代。「山陀兒」是一種水果，與「山竹」同樣是由泰國提供的名字。

「外來」的熱帶氣旋

有些熱帶氣旋並非源自西北太平洋或南海地區，而是從中太平洋經過換日線「越境」而來。由於這些熱帶氣旋往往已有在中太平洋被賦予的名字，因此當它們進入西北太平洋時，會繼續沿用本來的名字，不會再由本區重新為它命名（圖 1.3）。

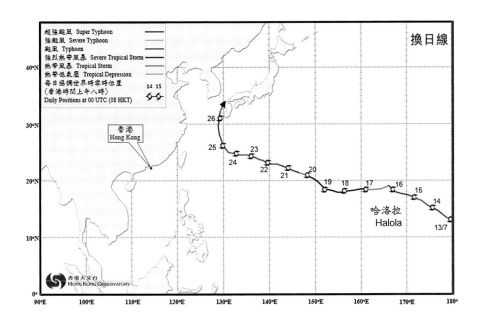

圖 1.3：「外來」的熱帶氣旋：2015 年的「哈洛拉」(Halola) 經過換日線長驅直進西北太平洋，甚至登陸日本九州。

6 世界各地的熱帶氣旋分類

世界不同區域均按熱帶氣旋中心的最高持續風速來作分類，但各區域所採用的風速標準和分類名稱並不相同，以致不同地區對熱帶氣旋有不同的稱呼，例如在西北太平洋被稱為颱風；在北太平洋中東部被稱為颶風；在西南印度洋則被稱為熱帶氣旋。以下是世界不同海洋上熱帶氣旋的具體分類：

北大西洋、北太平洋中部及東部

級別		中心最高持續風速〔1 分鐘平均〕
熱帶低氣壓		每小時 62 公里或以下
熱帶風暴		每小時 63 至 118 公里
颶風	一級	每小時 119 至 153 公里
	二級	每小時 154 至 177 公里
	三級	每小時 178 至 208 公里
	四級	每小時 209 至 251 公里
	五級	每小時 252 公里或以上

南太平洋及東南印度洋

級別	中心最高持續風速〔10 分鐘平均〕
熱帶低氣壓 / 弱熱帶低壓	每小時 63 公里以下
熱帶風暴 / 熱帶氣旋（烈風）/ 中度熱帶低壓	每小時 63 至 87 公里
熱帶風暴 / 熱帶氣旋（暴風）/ 強熱帶低壓	每小時 88 至 117 公里
颶風 / 熱帶氣旋（颶風）/ 強烈熱帶氣旋	每小時 118 公里或以上

（註：區內不同國家的名稱及強度略有差異）

北美洲　歐洲　大西洋　亞洲　太平洋　非洲　太平洋　南美洲　印度洋　澳洲

北印度洋

級別	中心最高持續風速〔3 分鐘平均〕
低氣壓	每小時 50 公里或以下
深低氣壓	每小時 51 至 62 公里
氣旋風暴	每小時 63 至 87 公里
嚴重氣旋風暴	每小時 88 至 117 公里
非常嚴重氣旋風暴	每小時 118 至 165 公里
極端嚴重氣旋風暴	每小時 166 至 220 公里
超級氣旋風暴	每小時 221 公里或以上

西南印度洋

級別	中心最高持續風速〔10 分鐘平均〕
熱帶擾動	每小時 51 公里或以下
熱帶低氣壓	每小時 52 至 62 公里
中度熱帶風暴	每小時 63 至 87 公里
強烈熱帶風暴	每小時 88 至 117 公里
熱帶氣旋	每小時 118 至 166 公里
強烈熱帶氣旋	每小時 167 至 214 公里
特強熱帶氣旋	每小時 215 公里或以上

6 香港的「風球」歷史

「風球」與「掛波」

香港天文台於 1883 年成立，早期的其中一項主要任務是建立一套熱帶氣旋警告系統。由於以前通訊不發達，發佈消息的途徑不多，因此發出熱帶氣旋警告信號時需要在信號站懸掛實體信號，讓身處不同地區的市民能夠一眼看見。這些實體信號也就是現在我們俗稱「風球」的由來，而「發出警告信號」也被生動地稱為「掛波」（懸掛風球）。不過，早期的警告系統不單包括「掛波」，也包括鳴放風炮和使用不同組合的燈號！這些稍後會再作介紹。

早期實體信號在尖沙咀前水警總部懸掛，信號以鉛框套上通孔帆布製成，直徑為 6 呎（約 1.8 米），重量較輕。由於懸掛信號的繩索脆弱，容易被風吹跌而毀，後來改以藤製造，直徑約 4 呎（1.2 米）。在 1920 年，天文台總部也開始懸掛「本地風球」，但由於位置較尖沙咀水警總部遠離維多利亞港，天文台總部遂改為懸掛大型 8 呎高的實體信號，方便市民識別（圖 1.4）。

以鐵鑄造的「風球」較重，早年需要最少兩個人合力用絞盤才能吊起，固定於信號站的桅杆頂部。以小型 3 號強風信號為例：長 1.2 米，闊 1.2 米，高 1.5 米，但已經重達 25 公斤了。後來，香港天文台引入電動絞盤，並改用較輕的黑色帆布來製造「信號標誌」。

在上世紀六十年代的高峰期，全港共有 42 個信號站（圖 1.5）。到了七十年代，因大家普遍可從電台和電視台接收詳盡的風暴信息，不需要再靠遠望實體信號得知「掛幾號波」，信號站因而陸續關閉。最後一個位於長洲的信號站於 2001 年年底關閉，標誌着香港懸掛實體信號時代的終結。

有關「風球」的真身，可參考：

▶

圖 1.4：天文台總部懸掛 8 呎（約 2.4 米）高的 10 號颶風信號。（圖片來源：香港天文台）

第一章／甚麼是熱帶氣旋？

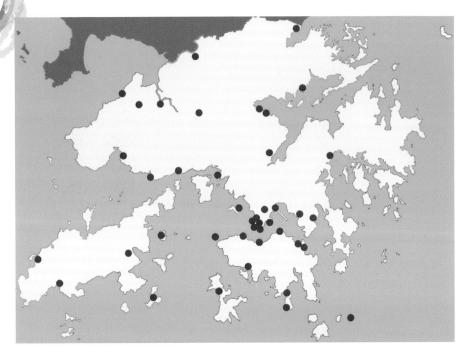

圖 1.5：全盛時期，全港有 42 個「掛波」信號站。（圖片來源：香港天文台）

 早期的信號演變

自 1884 年開始，本港採用一套分別為圓柱形、向下圓錐形、圓形和向上圓錐形的四個紅色信號，讓港內船隻在白天可以清晰看見，以便船員得知關於熱帶氣旋相對於香港的四個不同方向（東、南、西、北）的消息。這個信號系統稱為「非本地風暴信號」。

在 1890 年，這四個紅色信號增加了相對應的黑色信號，表示熱帶氣旋在香港 300 海浬（約 560 公里）之內；紅色信號則代表在香港 300 海浬之外。到了 1904 年再增加另外四個方向的信號，分別為東南、東北、西南和西北。

在 1906 年之後，香港也緊隨當時在中國沿海港口所使用的風暴信號而演變，包括在 1906 年至 1917 年間採用《中國沿海信號》（圖

OBSERVATOIRE DE ZI=KA=WEI

SÉMAPHORE MUNICIPAL DU QUAI DE FRANCE (CHANGHAI)

LONGITUDE: { 119° 8′ 55″,9 / 7ʰ 56ᵐ 35″,7 } est de Paris   LATITUDE: 31° 14′ 7″ nord   LONGITUDE: { 121° 29′ 10″,3 / 8ʰ 5ᵐ 56″,7 } est de Greenwich

CODE DE SIGNAUX

TYPHONS — DÉPRESSIONS CONTINENTALES — COUPS DE VENT

[A PARTIR DE JANVIER 1906]

Symboles du code:

Chiffres correspondants: 1   2   3   4   5   6

Symboles du code

Chiffres correspondants

I.—POSITION DU CENTRE (3 SYMBOLES)

Série 1 — Région du SE	Série 2 — Régions du SW	Série 3 — Région centrale sud	Série 4 — Région centrale nord	Série 5 — Région du N et du NE	Série 6 — Dépressions continentales
No.	No.	No.	No.	No.	No.
111 Carolines, groupe Pelew, Yap	211 Large de la Cochinchine	311 I. des Bashi (Linkin)	411 SE des Ryukyu (Linkin)	511 SE de Yéso, Hokkaido	611 Valée du Sikiang
112 Mariannes, Guam	212 SW des Paracels (Triton)	312 Centre	412 NW	512 Sur la Vole de la Mer du Japon	612 Vallée du Haut Yang-tse
113 Des Mariannes aux Bonin	213 Large d'Anous, Tourane et sud	313 SE	413 S de Kiushu	513 E de Nippon	613 Moyen
114 Loin à l'E des Philippines	214 Des Paracels à Hainan	314 S	414 Large de Tong-yang	514 Centre	614 "
115 SE de Luçon	215 Entre Hainan et Annam	315 SE des Sakishima (Miaco Sima)	415 SE de Hong-kong	515 SE du Chan-tong	615 Vallée du Haut Hoang-ho
116 S	216 E de Hainan	316 E	416 SE de Hié-shan	516 SE	622 S de la Chine
123 SW de Luçon	222 Golfe du Tonkin	322 N	422 Terre au Tché-kiang	522 Approches du Canal de Kiu	623 W du Baikal
121 E	223 Large du Delta, Norway	323 W des Ryukyu (Linkin)	423 NE des Chusan	523 " Bango	625 E Mongolie
125 Centre	224 Détroit de Hainan	324 SE de l'ormose	424 SE de Gutzlaff	524 SW de Kiushu	625 E
126 W	225 SE de H'kong, plus de 200 milles	325 Canal Ballintang	425 Aux Saddles	525 W (Nagasaki)	633 W du Liao-tong
131 SE	226 SE " moins	326 Canal des Bashi	433 SW de l'ormose	525 Détroit de Corée	633 Chan-tong
134 NW	233 S de Hongkong	333 SW de l'ormose	434 E	533 E de la Corée	634 Corée
135 W de Palawan	235 E des Pratas, S du Canal	345 Centre	435 W	534 SE de l'sing-tao	635 Mandchourie orientale
136 SE du Banc Macclesfield	236 Côte vers Macao	336 NE	436 NE	536 S	636 Mer Jaune
144 S	244 Hainan	344 N	444 N	541 Détroit du Japon	644 Mer du Japon
145 S des Paracels	245 NW de Hongkong	345 Centre du Canal (Freondorose)	445 N	545 NE	645 Mer Orientale
146 E	246 Large de Swatow	346 N	446 Des Saddles à Quelpaert	555 Golfe de Pé-tché-li	646 Archipel du Japon
155 Centre	255 " d'Amoy	355 Large de Fharmabout	455 Mer Jaune centrale	555 Golfe de Pé-tché-li	655 Yéso, Hokkaido
156 NE	256 Terre au 8 au 25° parallèle	" Fou-tcheou	456 Terre au k'iang-nan, Kiang-kiang	556 Golfe de Liao-tong	656 E du Japon

II.—DIRECTION PROBABLE (2 SYMBOLES)

(Typhons—point vers lequel va le centre ; Coups de vent—point d'où le vent doit souffler.)

SYMBOLE:											
SIGNIFICATION:	N	NE	E	SE	S	SW	W	NW	A un tournant	Stationaire	Se calme	Non défini

III.—COUPS DE VENT (1 SYMBOLE)

RÉGIONS MENACÉES PAR UN COUP DE VENT [Force supérieure à 6] DÉFINITION APPROXIMATIVE DE LA RÉGION

Symboles

Côtes des Philippines ; Mer de Chine, au sud des Pratas et à l'est des Paracels.

Côtes de l'Indo-Chine, Golfe du Tonkin ; Mer de Chine occidentale.

Formose, île et canal, Côte de Chine de Wen-tcheou à Swatow.

Symboles

Approches du Yang-tse-kiang ; Saddles ; moitié sud de la Mer Jaune.

Golfe de Pé-tché-li ; Liao-tong ; Chan-tong ; moitié nord de la Mer Jaune.

Mer et côtes du Japon ; E et S de la Corée ; îles Ryū-kyū (Lou-kiu.)

IV.—SIGNAUX DE NUIT

(A) Coups de vent

Un coup de vent est signalé au N du 30° parallèle

Un coup de vent est signalé au S du 30° parallèle

(B) Typhons ou dépressions continentales

Série 1   Série 2   Série 3   Série 4   Série 5   Série 6

Chaque signal (B) indique qu'un centre est signalé dans la série correspondante de la 1ʳᵉ PARTIE du CODE

REMARQUES GÉNÉRALES

1.—Les SIGNAUX se font en hissant les symboles en deux groupes aux extrémités des vergues.

2.—Les TYPHONS et DÉPRESSIONS sont signalés par 5 symboles : 3 à un bras [position], 2 à l'autre [direction].

3.—Les COUPS DE VENT s'annoncent par 3 symboles : 1 à un bras [région], 2 à l'autre [direction du vent].

4.—Des RENSEIGNEMENTS plus amples sont fournis par le bulletin, le registre et les cartes affichés au kiosque du Sémaphore du Quai de France.

Téléphone : Observatoire de Zi-ka-wei : No. 71 ; Semaphore : No. 431.

LA PRESSE ORIENTALE, CHANGHAI

圖 1.6：《中國沿海信號》（China Coast Code）法文版海報。（圖片來源：上海徐家匯觀象台）

香港天文台

1.6）。1917 年開始採用一套新的「非本地風暴信號」及以數字為基礎的「本地風暴信號」，亦即今天的熱帶氣旋警告信號系統的前身，兩套風球系統曾同時運作（圖 1.7）。「非本地風暴信號」沿用至 1961 年。

鳴放風炮

上文所說的是為船隻提供的信號系統，而對於一般香港市民來說，在 1917 年之前，鳴放風炮是唯一的本地熱帶氣旋警告信號：當烈風將會吹襲香港，水警總部會鳴放風炮示警。

九龍倉

訊號山

隨後，汲取了 1906 年（丙午年）奪去超過一萬人性命的「丙午風災」的教訓，鳴放風炮的措施在 1907 年被燃放炸藥的巨響所取代，當颶風吹襲香港時，水警總部和船政廳會燃放三響炸藥，而且會在懸掛中的非本地信號上方再加上一個黑色十字形的符號，這就是後來 10 號風球的前身。燃放炸藥的措施在 1937 年（丁丑年）的「丁丑風災」最後一次使用。

圖 1.7：
1920 年代末至三十年代初的尖沙咀海傍，圖中可見風球在三個不同地點懸掛：天文台總部（本地風球）、九龍倉（非本地風球）及訊號山（非本地風球）。（圖片由岑智明先生提供）

圖 1.8：香港百年來數字颱風信號系統的演變。（圖片來源：香港天文台）

晚間燈號

晚上難以看見實體信號，想要通知大家最新情況該如何呢？

香港最早於 1890 年開始，在水警總部採用兩個燈籠作為夜間信號。到了 1907 年，亦因「丙午風災」作出了調整，改為在水警總部、船政廳及添馬艦上顯示三盞垂直排列的紅色及綠色信號燈，當颱風吹襲香港時，信號燈的顏色為紅、綠、紅，這就是後來 10 號風球燈號的前身（圖 1.8）。

為甚麼熱帶氣旋警告信號只有 1、3、8、9 和 10 號？

香港的熱帶氣旋警告信號曾經過多次修訂，在不同時期，熱帶氣旋警告信號的數字所代表的意義也有所不同。讓我們先從以前的數字信號系統開始逐步了解。

為警告信號賦予數字代表

香港在 1917 年 7 月 1 日開始採用以數字為基礎的「本地風暴信號」，即今天的熱帶氣旋警告信號系統的前身，主要是警告市民熱帶氣旋所帶來的風力威脅。這個本地信號系統以 1 至 7 號信號，代表本地風暴情況。本地信號系統亦包括一套新的夜間信號系統（圖 1.8），這套夜間系統一直沿用至 2001 年底，香港所有信號站停止運作為止。

1931 年熱帶氣旋警告信號更改為 1 至 10 號，2 號及 3 號分別表示強風由西南及東南方向吹襲本港；4 號為非本地信號（不適用於香港）；5 號至 8 號分別代表來自西北、西南、東北或東南四個方向的烈風；9 號則代表烈風風力增強；10 號代表受颶風吹襲（圖 1.8）。

此後，2 及 3 號信號時有時無，至 1930 年代後期取消。到了 1950 年，信號的意義及標誌演變至較接近今天的系統（圖 1.9）。1956 年，在 1 號戒備信號及 5 號烈風信號之間加上 3 號強風信號。

數字愈大代表風力愈大嗎？

5 號至 8 號信號原本都代表烈風會吹襲，只不過是風向不同。假設 8 號信號被 6 號信號取代，其實背後並沒有預示風力有所改變，改變的只是風向而已；然而，這可能會令人誤解，以為數字變小了，風力也

颱風解密：你也可以做天氣達人！

LOCAL STORM SIGNAL CODE. 本港風暴訊號

(As approved at the Conference on Storm Warning Procedures held in Manila, May, 1949, for use in Hong Kong as from 1st. January, 1950).

STORM SIGNALS

	Number	號數	Day Signal 日間訊號	Night Signal 夜間訊號	MEANING	説　明
Standby 準備訊號	1	一	T	○ ○ ○	A depression or typhoon exists which may affect the locality.	發現低壓或颱風可能影響本港
Gale 烈風訊號	5	五	▲	○ ● ●	Gale (wind speed 34 knots and upwards) expected from the NW quadrant.	烈風(風速每小時三十四海里以上)將從西北象限侵入
	6	六	▼	● ○ ●	Gale (wind speed 34 knots and upwards) expected from the SW quadrant.	烈風(風速每小時三十四海里以上)將從西南象限侵入
	7	七	▲▲	● ● ○	Gale (wind speed 34 knots and upwards) expected from the NE quadrant.	烈風(風速每小時三十四海里以上)將從東北象限侵入
	8	八	▼▼	○ ● ○	Gale (wind speed 34 knots and upwards) expected from the SE quadrant.	烈風(風速每小時三十四海里以上)將從東南象限侵入
Increasing Gale 烈風加強訊號	9	九	✕	● ● ●	Gale expected to increase.	烈風風力將增強
Typhoon 颱風或颶風訊號	10	十	✚	● ● ●	Hurricane or typhoon wind (speed 64 knots and upwards) any direction.	將達颶風或颱風風力(風速每小時六十四海里以上)不分方向

STRONG WIND SIGNAL　強風訊號

●	○ ○ ○	Strong wind (speed 22-33 knots)	強風將至(風速每小時二十二至三十三海里)

SIGNALS USED AT SUPPLEMENTARY STATIONS. 輔助報風站訊號

●	● ● ●	Strong wind (speed 22-33 knots)	強風將至(風速每小時二十二至三十三海里)
T	● ●	No. 1 hoisted in Hong Kong harbour.	香港港內已掛第一號風號
▲	● ●	Nos. 5, 6, 7, 8, 9 or 10 hoisted in Hong Kong harbour.	香港港內已掛第五、六、七、八、九或十號風號

+ International signals. 國際訊號

圖 1.9：1950-1955 年所採用的熱帶氣旋警告信號。(圖片來源：香港天文台)

就減弱了，於是疏於防範，易生意外！

為了避免引起公眾混淆，在進行廣泛諮詢後，由 1973 年 1 月 1 日開始，5 號至 8 號風球分別由 8 號西北、8 號西南、8 號東北及 8 號東南四個信號代替。這個信號系統一直沿用至今。

現時香港採用的熱帶氣旋警告信號

號數	符號	意義
1	T	戒備 Standby
3	⊤	強風 Strong Wind
8 西北 NW	▲	西北烈風或暴風 NW' LY Gale or Storm
8 西南 SW	▼	西南烈風或暴風 SW' LY Gale or Storm
8 東北 NE	▲▲	東北烈風或暴風 NE' LY Gale or Storm
8 東南 SE	▼▼	東南烈風或暴風 SE' LY Gale or Storm
9	✕	烈風或暴風風力增強 Increasing Gale or Storm
10	✚	颶風 Hurricane

6 信號的意義

1 T 有一熱帶氣旋集結於香港約 800 公里的範圍內，可能影響本港。

3 T 香港近海平面處現正或預料會普遍吹強風，持續風力達每小時 41 至 62 公里，陣風更可能超過每小時 110 公里，且風勢可能持續。

8 西北 NW

8 西南 SW

香港近海平面處現正或預料會普遍受烈風或暴風從信號所示方向吹襲，持續風力達每小時 63 至 117 公里，陣風更可能超過每小時 180 公里，且風勢可能持續。

8 東北 NE

8 東南 SE

9 ⊠ 烈風或暴風的風力現正或預料會顯著加強。

10 ✛ 風力現正或預料會達到颶風程度，持續風力達每小時 118 公里或以上，陣風更可能超過每小時 220 公里。

鄰近地區的颱風警報系統

內地

颱風預警信號分為四級，分別以藍色、黃色、橙色和紅色表示。廣東省更設有白色颱風預警，表示 48 小時內當地可能受熱帶氣旋影響。

圖例	標準
藍色	24 小時內可能或者已經受熱帶氣旋影響，沿海或者陸地平均風力達 6 級以上，或者陣風 8 級以上並可能持續。
黃色	24 小時內可能或者已經受熱帶氣旋影響，沿海或者陸地平均風力達 8 級以上，或者陣風 10 級以上並可能持續。
橙色	12 小時內可能或者已經受熱帶氣旋影響，沿海或者陸地平均風力達 10 級以上，或者陣風 12 級以上並可能持續。
紅色	6 小時內可能或者已經受熱帶氣旋影響，沿海或者陸地平均風力達 12 級以上，或者陣風達 14 級 * 以上並可能持續。

* 世界氣象組織採用的分級為 0 至 12 級，內地採用的風級擴展至 17 級，例如 14 級相當於每秒 41.5-46.1 米；17 級相當於每秒 56.1-61.2 米。

澳門

與香港的熱帶氣旋警告信號相似，分為 1、3、8、9 和 10 號。

菲律賓

公眾風暴警告信號	風速（公里／每小時）	風力帶來的影響
#1	30 至 60	不造成破壞或 破壞非常輕微
#2	61 至 120	輕微至中等程度破壞
#3	121 至 170	中等至嚴重破壞
#4	171 至 220	嚴重至非常嚴重破壞
#5	高於 220	非常嚴重至大規模破壞

日本

不限於熱帶氣旋，也包括溫帶氣旋帶來的大風。

強風注意報	預測有因強風而發生災害的可能
暴風警報	預測有因暴風而發生災害的可能
暴風特別警報	預測會受強度達到數十年一遇的熱帶氣旋或 溫帶氣旋引致的暴風吹襲

韓國

由熱帶氣旋引起的強風、大浪、暴雨及風暴潮的綜合預警：

- 颱風注意報

- 颱風警報

小知識

除了「風球」，你聽過「黑球」嗎？

「黑球」即「強烈季候風信號」，專門用來警告主要由季候風帶來的大風天氣。「黑球」就是對「強烈季候風信號」的實體信號外貌的形容。

圖 1.10：位於天文台總部的「黑球」。（圖片來源：香港天文台）

沙漠都會打風？2019 年 9 月熱帶氣旋 Hikaa 吹襲中東國家阿曼。(圖片來源：美國太空總署)

第二章

颱風生與死

颱風令人望而生畏。

它，可以擊起百尺巨浪，又或翻起狂風
暴雨。颱風到底如何發展和消亡？它形成的
數量和月份，與全球性的厄爾尼諾及拉尼娜
現象有何關係？

太陽發出的輻射，為地球帶來熱與光。

地面受熱影響，近地面的空氣也會**受熱膨脹而變得較輕**，形成上升氣流。由於空氣受熱不均勻，使大氣出現不同程度的上升或下沉氣流。海面亦有類似的情況，因此會出現低壓區和高壓區（圖 2.1）。

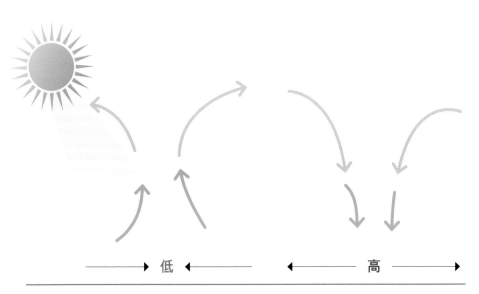

圖 2.1：低氣壓和高氣壓的形成。

颱風（熱帶氣旋）多源自海洋上的低壓區，這是因為空氣受熱後重量比較輕，空氣密度變小，氣壓低，容易產生氣旋或上升氣流；但並非所有低壓區都能發展為熱帶氣旋的。究竟，在甚麼因素之下有利熱帶氣旋發展呢？

第一部曲：熱帶氣旋怎樣形成？

大氣中的水蒸汽，在凝結成水滴或冰粒時會釋放熱能（稱為「潛熱」），這是熱帶氣旋的能量來源。熱帶氣旋由熱能推動，其中心較外

圍暖（稱為「暖心」結構）。熱帶氣旋的形成機制可參看下圖：

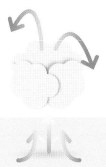

階段 1
海面受熱，
水汽蒸發及
上升。

階段 2
水汽凝結成
積雨雲，釋
放潛熱。

階段 3
海面氣壓下降，周圍
空氣流入低壓中心，
空氣匯聚上升，持續
釋放潛熱，發展成熱
帶氣旋。

階段 4
熱帶氣旋逐漸
增強，結構具
明顯的螺旋性。

圖 2.2：熱帶氣旋形成示意圖。

海面受到陽光照射，水汽從海面蒸發並向上輸送。上升的空氣膨脹並
冷卻，被冷卻的水汽會凝結成水點並釋放潛熱；同時，在氣流上升的
海面，氣壓會下降，形成低壓區。氣流由四周流向低氣壓中心，空氣
會因匯聚而上升。上升的氣流令更多水汽上升並釋放熱能，形成正反
饋，促使低壓加深。地球自轉亦令空氣產生偏轉，形成漩渦，逐漸發
展為熱帶氣旋。

熱帶氣旋形成的六大條件

過去的研究顯示，熱帶氣旋的形成一般需具備下列六個條件（圖 2.3）：

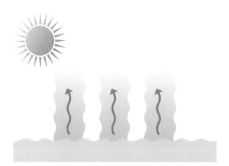

1. 海面溫度在攝氏 26 度或以上。

2. 大氣中低層的水汽充沛。

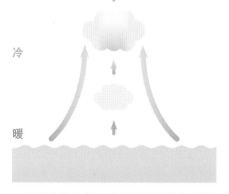

3. 不穩定的大氣，有助低壓區的氣團持續上升並釋放能量。

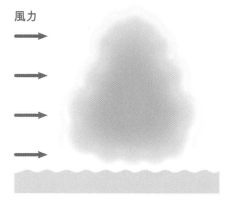

4. 垂直風切變（即風力隨高度的改變）較低（弱），使強對流產生的能量得以集中釋放。

5. 大氣低層具備氣旋式匯聚。

圖 2.3：熱帶氣旋形成的有利條件。

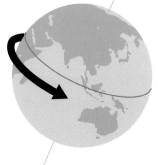

6. 距離赤道緯度 5 度以上。隨着緯度增加，地球偏轉力會加大，有利渦旋發展；而接近赤道，偏轉力接近零，不利渦旋發展。

有些時候，即使部分條件未完全被滿足，而在其他條件相當
有利時，熱帶氣旋仍有可能形成。

2001 年 12 月熱帶氣旋「畫眉」形成時非常接近赤道，是當
時有記錄以來首個離赤道緯度 1.5 度以內形成的熱帶氣旋。
東亞地區受強烈東北季候風影響時，有利漩渦在低緯度地區
產生（圖 2.4）。

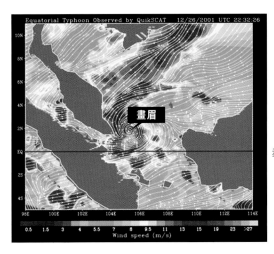

圖 2.4：熱帶氣旋「畫眉」在形成後不久的衛星遙感風
場。（圖片來源：美國太空總署）

 ## 第二部曲：熱帶氣旋如何發展？

如熱帶氣旋所在的海域和大氣持續滿足上述六個條件，加上大氣高層
有散發性氣流幫助對流發展，熱帶氣旋便會逐漸增強。如果某些條件
特別有利增強，例如海面溫度超過攝氏 30 度或垂直風切變非常微弱，

熱帶氣旋更可能「迅速增強」，這是指熱帶氣旋的中心持續風速在 24 小時內增加最少 30 海浬 / 小時（即 56 公里 / 小時）。

「迅速增強」的熱帶氣旋並不罕見，例如 2020 年的「海高斯」（圖 2.5）及「天鵝」，只花了 24 小時就從熱帶低氣壓增強為颱風。

圖 2.5：熱帶氣旋「海高斯」在 2020 年 8 月 18 日上午 2 時（左）及 19 日上午 2 時（右）在衛星雲圖上的形態（由日本向日葵 8 號衛星拍攝），「海高斯」在 24 小時內從熱帶低氣壓增強為颱風。

第三部曲：熱帶氣旋之自然消亡

熱帶氣旋不會長期逗留在溫暖的海洋上；受其他的天氣系統引導（第四章詳述），熱帶氣旋最終會移至陸地或更高緯度的地方，或面對不利發展的環境而逐漸減弱、失去其暖心結構和消散，因此，生命週期大部分只有數天至兩星期左右。以下是導致熱帶氣旋逐漸消亡的四個主要原因。

1. 登陸消散

熱帶氣旋依靠溫暖海洋上的水汽提供能量，陸地上缺乏水汽，能量來源被切斷。同時，起伏的地形增加了氣流的摩擦力，使氣流速度減慢。因此熱帶氣旋大多登陸後便會消散（圖 2.6），但亦有少數能夠在潮濕的陸地上維持較長時間，甚至再度增強。

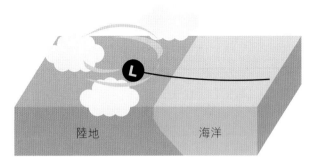

圖 2.6：熱帶氣旋登陸時消散。

啡色海洋效應

一般來説，熱帶氣旋登陸後會減弱並消散；但有時候，熱帶氣旋登陸後，仍然能夠維持強度，甚至有所增強，主要原因是熱帶氣旋所在的陸地氣溫和暖及潮濕，而且土壤釋放出水汽，就如海面般為熱帶氣旋提供水汽，使熱帶氣旋有機會維持強度或稍為增強。這種現象稱為「啡色海洋效應（Brown Ocean Effect）」。

2. 垂直風切變增加

較大（強）的垂直風切變會破壞熱帶氣旋的結構（* 第三章有詳細說明），使氣旋的能量變得分散，不利強對流發展（圖 2.7），減少釋放能量，難以維持氣旋持續發展。

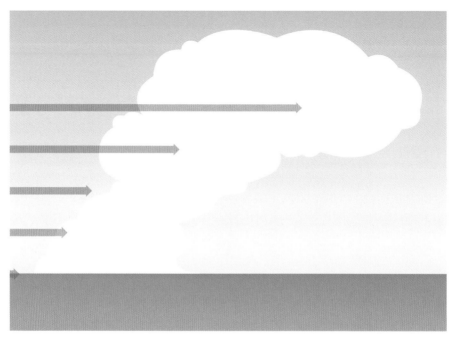

圖 2.7：垂直風切變不利熱帶氣旋發展。

3. 移至水溫較涼海域

海面溫度低於攝氏 26 度，不利熱帶氣旋維持對流活動。由於中高緯度海域接收的太陽輻射能量較熱帶海域少，海水溫度大致隨着緯度增加而下降，緯度愈高，水溫愈低，愈是不利熱帶氣旋發展和維持。

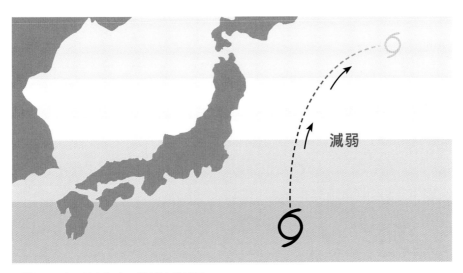

圖 2.8：水溫較涼海域不利熱帶氣旋發展。

4. 遇上鋒面，演變為溫帶氣旋

如熱帶氣旋移至中緯度地區時遇上冷鋒或暖鋒，熱帶氣旋有機會演變為「溫帶氣旋」（參看 p.59 介紹）。

氣旋在轉變的過程中，其獲取能量的方式雖有所改變，但氣旋的風力並不一定因此而減弱。另外，熱帶氣旋由低緯度移至中高緯度的過程，可以想像成是一種能量從較暖區域（低緯度）輸送至較冷區域（中高緯度），有助維持地球的熱平衡。

小知識

為甚麼熱帶氣旋較難在冬天月份形成？

由於冬天的海面溫度較低，一般不能達到形成熱帶氣旋的水溫要求，而暖水區較接近赤道，但赤道附近地球偏轉力較低，亦不利氣旋發展。

26℃ 28℃ 30℃

圖 2.9：上圖為西北太平洋冬季的平均海面溫度，南海及西北太平洋廣泛地方海溫低於攝氏 26 度。下圖為西北太平洋夏季的平均海面溫度，廣泛海域的海溫高於攝氏 26 度。

長知識：厄爾尼諾與拉尼娜之影響

常聽説厄爾尼諾、拉尼娜現象這兩個名詞，究竟這兩種現象對颱風有何影響？

厄爾尼諾是指太平洋中東部接近赤道的海水表面異常溫暖的現象，而拉尼娜則是指該區海水表面異常涼的現象（圖 2.10）。兩者的出現都會改變赤道附近太平洋對流活動的位置，繼而影響跨太平洋，以至世界其他地區的大氣環流及其氣候。

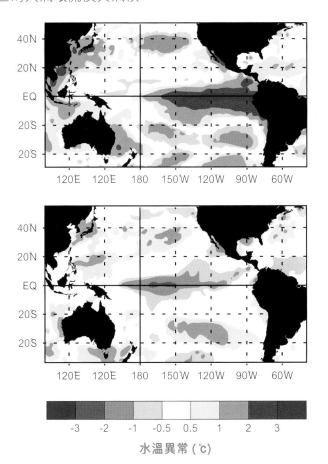

圖 2.10：在厄爾尼諾（上）及拉尼娜（下）現象下，太平洋的水溫異常溫暖（上圖紅色區域）及涼（下圖藍色區域）。

在厄爾尼諾狀態之下，4 月和 5 月西北太平洋的熱帶氣旋數量較少，形成地點也較為偏東，因此熱帶氣旋通常不會在 6 月前影響香港。而當拉尼娜狀態發生在 8 至 10 月期間，熱帶氣旋較易受到異常的引導氣流推動進入南海，這段時間影響香港的熱帶氣旋數目較正常狀態多，例如 2020 年 9 月至 2021 年 2 月的**拉尼娜事件**，單在 2020 年 10 月份就有兩個熱帶氣旋導致天文台發出熱帶氣旋警告，比 1991-2020 年的平均值 0.6 個顯著較多。

在 1961-2020 年間，在不同狀態下影響本港熱帶氣旋數量的統計：

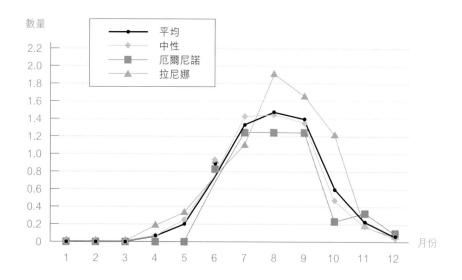

圖 2.11：在 1961-2020 年，厄爾尼諾（紅色）、拉尼娜（藍色）及中性狀態（綠色）下，每月平均進入本港 500 公里範圍的熱帶氣旋數量統計。黑色是所有狀態下的平均數。

厄爾尼諾和拉尼娜的影響

厄爾尼諾和拉尼娜也會在其他方面影響本港的氣候。如果厄爾尼諾在冬季至春季出現，就會影響南海北部的大氣環流，導致香港在這兩個季節的降雨量會較多；如果拉尼娜發生在秋冬季，則影響華南的東北季候風偏強，香港氣溫一般會較低。

厄爾尼諾與拉尼娜的最新情況可見於：

 長知識：颱風的近親

低壓區除了能夠直接增強為熱帶氣旋，還可以在其他合適的條件下發展為其他低壓系統，以下列舉一些例子：

1. 季風低壓

在北半球的夏季，西南季風及東北信風這兩支「對頭風」會在印度洋及南海匯聚，形成一道廣闊的低壓帶，這道低壓帶我們稱為「季風槽」（圖 2.12）。季風低壓是在季風槽內形成的低壓區，季風低壓和熱帶氣旋有以下之區別：

季風低壓	熱帶氣旋
可以擁有多於一個中心	只有一個中心
最大風的地方位於低壓的外圍	最大風的地方在中心附近
中心附近雲團較鬆散，各有生消	中心附近雲團呈螺旋狀，較持續

若條件合適的話，例如較高的海水溫度、低垂直風切變、中心出現持續的對流活動等，季風低壓亦有機會演變為熱帶氣旋。

圖 2.12：季風槽示意圖。

2. 溫帶氣旋

溫帶氣旋一般出現在中高緯度地區，是由南北溫差造成的大氣不穩定而產生。只要大氣條件適合，溫帶氣旋可以在陸地或海洋上形成，中國北部的內陸地區及東部海域，每年都有不少溫帶氣旋形成。與熱帶氣旋比較，溫帶氣旋是「冷心」系統，即中心溫度比相同高度周邊的溫度要低。溫帶氣旋的結構與冷鋒和暖鋒相關（圖 2.13），發展和成熟階段的溫帶氣旋，其雲團形態呈逗號狀。溫帶氣旋的四個階段：

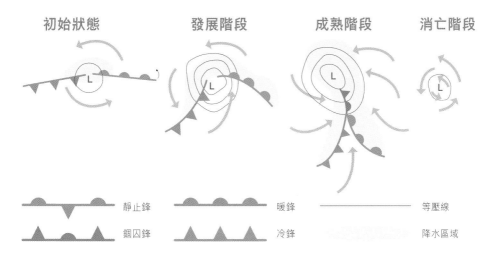

圖 2.13：溫帶氣旋發展示意圖。

有關溫帶氣旋的發展過程，可參考：▶

溫帶氣旋會影響香港嗎？

在冬季，溫帶氣旋不時在東海及日本附近發展，與其相關的冷鋒有時會延伸至廣東沿岸並影響香港。

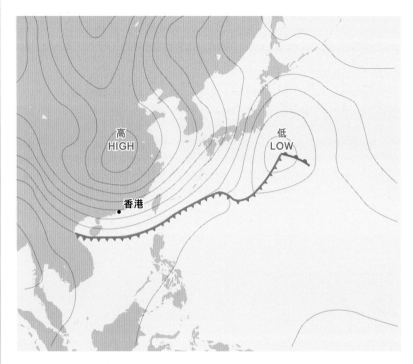

圖 2.14：2020 年 4 月 12 日上午 2 時的天氣圖，顯示與溫帶氣旋相關的一道冷鋒已橫過本港。

3. 地中海氣旋

地中海氣旋（Medicane）泛指在地中海形成的低壓渦旋，目前學術界對地中海氣旋的結構特徵並無一致的定義。地中海氣旋具備部分熱帶氣旋的特徵，但卻可在低於攝氏 26 度的海面形成，其中心風力可達到颶風程度（即每小時 118 公里或以上），對地中海周邊地區造成破壞。

圖 2.15：2020 年 9 月 17 日，地中海氣旋 Ianos 位於希臘之西南面。
（圖片來源：美國太空總署）

4. 副熱帶氣旋

副熱帶氣旋是美國國家颶風中心對氣旋的一種分類。

副熱帶氣旋同時擁有熱帶氣旋及溫帶氣旋的部分特性，但不具有鋒面。中心風力達烈風程度或以上的熱帶或副熱帶氣旋均會被命名。圖2.16 的副熱帶氣旋 Alpha 是有記錄以來，唯一登陸葡萄牙及被命名的氣旋，其大風雨對葡萄牙及西班牙造成嚴重破壞及人命傷亡。

圖 2.16：2020 年 9 月 18 日，副熱帶氣旋 Alpha 在葡萄牙沿岸海域發展。（圖片來源：美國太空總署）

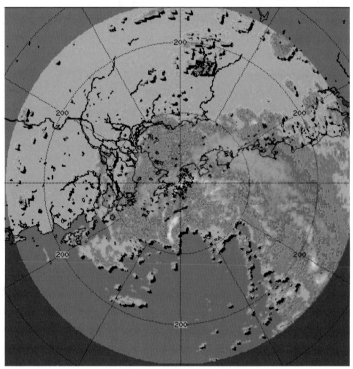

風場不對稱的「帕卡」，正掠過香港以南海域。（2017 年 8 月 27 日上午 5 時的日本氣象廳向日葵 8 號衛星雲圖及香港天文台雷達圖像）

第三章

解構颱風

颱風是一個高約十多公里，水平卻橫跨數百甚至過千公里的扁平天氣系統。它的三維結構一般是怎樣的？

雷達、衛星甚至飛機等多種監測工具，都可以實時為每個熱帶氣旋的獨特結構提供不少線索。

正如第一章所說，熱帶氣旋是一個大型的渦漩系統，較強的熱帶氣旋會有明顯的螺旋雲雨帶，中心亦可能出現風眼。本章節我們會深入解說熱帶氣旋的結構，從結構讓你了解熱帶氣旋的威力。

解開熱帶氣旋的垂直結構

熱帶氣旋的一個明顯特點，是雲團圍繞熱帶氣旋的中心旋轉。對於發展成熟的熱帶氣旋，其中心可以出現風眼，直徑大多在 30 至 60 公里之間，是由下沉氣流構成的核心。

風眼內與眼壁

在**風眼**裏，風勢微弱，雲層稀薄，甚至能看見藍天（圖 3.1）。圍繞風眼的是**眼壁**，是對流最強烈的地方，對流可以向上延伸至對流層頂，即離地面約 15 公里左右，或甚至更高（參本章「小知識：對流熱塔」）。一般來說，眼壁位置的地面風力比其周圍地面的風力強，所以當一個熱帶氣旋逐漸接近時，風勢亦逐漸加大。

圖 3.1：政府飛行服務隊定翼機觀測到 2016 年颱風「妮妲」的風眼。

螺旋雨帶

成熟的熱帶氣旋中心周圍會出現數道相間的**螺旋雨帶**，螺旋雨帶是對流向上發展的地方，而螺旋雨帶之間則是下沉氣流的地方，一般降雨稀疏。熱帶氣旋結構詳見圖 3.2：

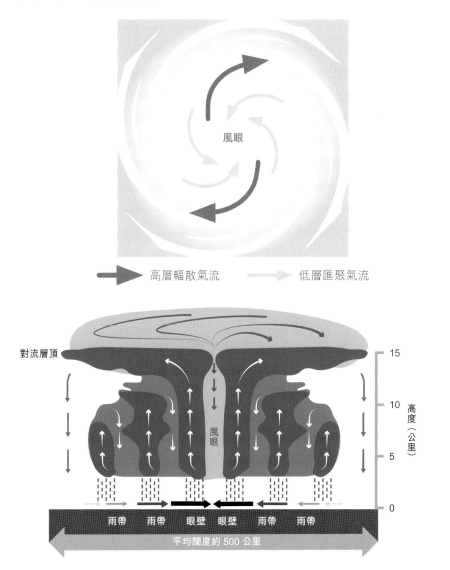

圖 3.2：成熟熱帶氣旋的鳥瞰圖（上）及垂直截面圖（下）。

颱風的風力及氣壓

一般較強的熱帶氣旋（如颱風）的水平結構較渾圓，四周的風力大致平均，風力從外圍到眼壁逐漸增大，而眼壁是風力最強的地方。從眼壁再往內就是風眼，那處風力會急促下降至接近微風。

至於較弱的熱帶氣旋，它的結構相對鬆散，也容易受周圍的天氣系統影響，使其風力分佈不平均。

以吹襲本港的熱帶氣旋為例（圖 3.3），2017 年的帕卡受副熱帶高壓引導（參看第四章），採取西北方向移動靠近香港，其風場非常不對稱：東北側相當強及廣闊，但西南側非常弱。

2021 年的盧碧在雷州半島附近形成，並以偏東路徑橫過南海北部，加上當時南海的西南季候風相當活躍，盧碧的大風區只集中在其東南側。

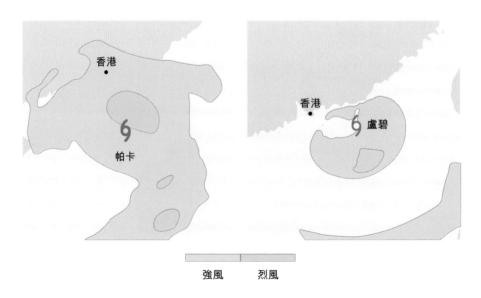

圖 3.3：2017 年帕卡（左）及 2021 年盧碧（右）的風場分佈。

颱風是一個深厚的低壓系統，熱帶氣旋的地面氣壓從外圍往中心一直下降。由於熱帶氣旋的風力愈接近中心便愈大，氣壓梯度也會愈緊密，氣壓愈接近中心愈下降得快。

風眼是熱帶氣旋氣壓最低的地方（圖 3.4）。熱帶氣旋愈強，其中心氣壓一般愈低。

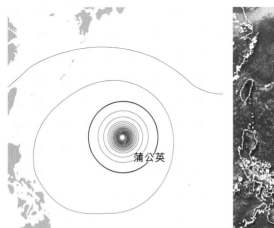

圖 3.4：2021 年 9 月 28 日強颱風蒲公英及周邊地區海平面氣壓分佈（左），及當時的向日葵 8 號衞星圖像（右）。

小知識

從以下兩幅熱帶氣旋的風力分佈中，
哪個是颱風？哪個是熱帶風暴？

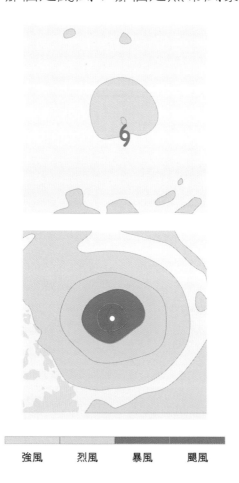

| 強風 | 烈風 | 暴風 | 颶風 |

答案是：上圖是熱帶風暴，其中心附近最高風力只有烈風程
度，而且結構不對稱；下圖是颱風，其中心附近最高風力達
颶風，整體結構渾圓。

正常的大氣壓力是多少？

標準情況下的海平面大氣壓力約為 1,013 百帕斯卡。受不同天氣系統影響，海平面各處錄得的氣壓或有增減。較極端的超強颱風的中心氣壓，可低至 900 百帕斯卡以下，比標準大氣的氣壓要低超過百分之十。900 百帕斯卡相當於正常情況下海拔約 1000 米的大氣壓力。

西北太平洋熱帶氣旋氣壓之最

在 1961-2020 年間，1979 年的超強颱風「泰培」的最低中心氣壓被評定為 870 百帕斯卡；曾於 2013 年重創菲律賓的超強颱風「海燕」，最低氣壓也低至 890 百帕斯卡。

表 6.1：2000-2020 年中心氣壓低於 900 百帕斯卡的極端超強颱風排名

排名	年份	名字	最低中心氣壓〔百帕斯卡〕
1	2013	HAIYAN〔海燕〕	890
1	2016	MERANTI〔莫蘭蒂〕	890
3	2010	MEGI〔鮎魚〕	895
3	2020	GONI〔天鵝〕	895

總括而言，成熟熱帶氣旋的風力及氣壓隨着與中心距離的分佈大致如下：

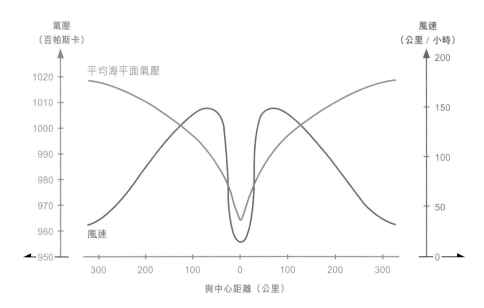

氣壓
（百帕斯卡）

風速
（公里／小時）

平均海平面氣壓

風速

與中心距離（公里）

圖 3.5：熱帶氣旋的風力與氣壓分佈。

然而，熱帶氣旋的實際風力分佈並不如圖 3.5 般平滑，且有其他因素影響。除了由於結構不對稱外，螺旋雨帶的風力通常比下沉區域大（圖 3.2）。螺旋雨帶由氣流匯聚和強烈的對流活動產生，當雨帶掃過時，通常伴隨疾勁的**陣風**。

2017 年吹襲香港的帕卡最高強度只有強烈熱帶風暴級別（即最高持續風速在每小時 88 至 117 公里之間），但長洲及塔門受雨帶影響時所錄得的最高陣風竟分別達每小時 155 及 149 公里！

颱風觀測方法

衛星圖

熱帶氣旋大多在遠離陸地的海面上發展，氣象機構一般利用衛星圖像來作觀測，並依靠熱帶氣旋的形態，分析其位置及強度。在紅外光衛星圖像上，熱帶氣旋的強對流通常較為圓渾，並呈亮白色，這代表對流延伸至對流層的高層，而雲頂溫度較低。

圖 3.6 說明 2021 年 4 月位於菲律賓以東的熱帶氣旋舒力基的發展過程，其強對流的螺旋性在發展過程中逐漸增加，最後成功發展出風眼。一個熱帶氣旋從**熱帶低氣壓**增強為**超強颱風**，一般需要 4 至 5 天，但也會因為環境因素而有所增減。

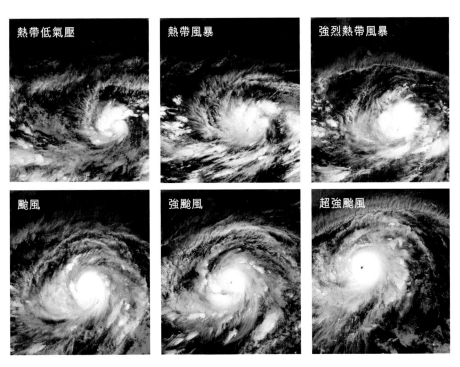

圖 3.6：2021 年 4 月熱帶氣旋舒力基的紅外光衛星雲圖（向日葵 8 號）；從左上到右下分別為其熱帶低氣壓、熱帶風暴、強烈熱帶風暴、颱風、強颱風及超強颱風時的形態。

德沃夏克分析法（Dvorak analysis）

美國氣象學家德沃夏克（Vernon F. Dvorak）在 20 世紀 60 至 80 年代期間，透過分析北大西洋熱帶氣旋雲頂溫度的分佈和形態，總結出一套以衛星雲圖為基礎的熱帶氣旋強度分析方法，這套方法被稱為德沃夏克分析法（Dvorak analysis），在世界各地的氣象機構中廣為採用。

這套方法的流程較為複雜，首先將熱帶氣旋的對流分為**捲曲雲系**（curved band）、**中心密集雲團**（central dense overcast）及**切變雲系**（shear）三種（圖 3.7），雲系的螺旋性愈明顯，強度愈高。而對於發展出風眼的熱帶氣旋，則會綜合考慮其風眼及風眼外圍對流的雲頂溫度，從而估算出其強度。

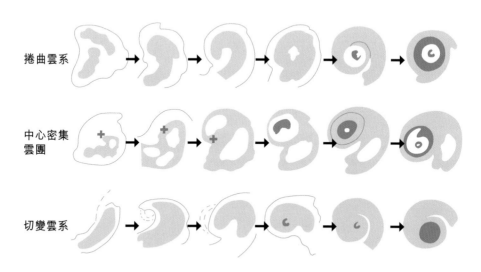

圖 3.7：德沃夏克分析法主要考慮三種雲形發展過程。

海浪反演風場

有些衛星亦可透過紅外線在海面的散射，反演出海面上的風向風速。這種方法每次只能掃描一片範圍的海面，但可以較為準確地得出熱帶氣旋中心的大約位置及中心風力。

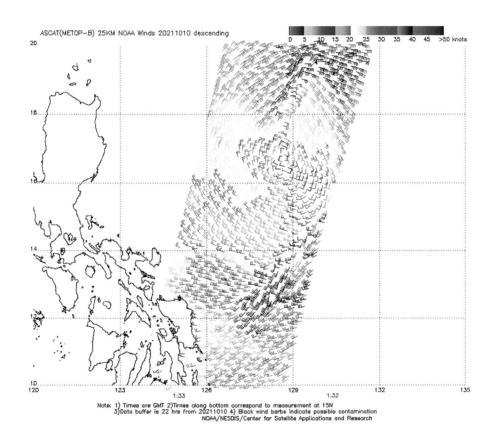

圖 3.8：熱帶氣旋「圓規」在 2021 年 10 月 10 日的反演風場；棕色及紫色代表風力達烈風程度、黑色代表數據可信度較低。（圖片來源：美國海洋及大氣管理局）

雷達回波

當熱帶氣旋進入氣象雷達的探測範圍時，雷達的回波動畫可以協助判斷熱帶氣旋中心的位置。以 2017 年熱帶氣旋「天鴿」為例，從雷達的降雨率分佈（圖 3.9）可見，當時為強颱風的天鴿，其風眼相當清晰，而圍繞風眼的是一道黃橙色強雨帶，也就是眼壁；眼壁往外有幾道較弱的螺旋雨帶，而其中一道正影響廣東沿岸，每道螺旋雨帶之間都有回波相對較弱的區域（比較圖 3.2）。

此外，多普勒雷達亦可以探測回波移近或遠離雷達的速度（即「多普勒速度」），用來分析熱帶氣旋的風力結構，詳情不在此贅。

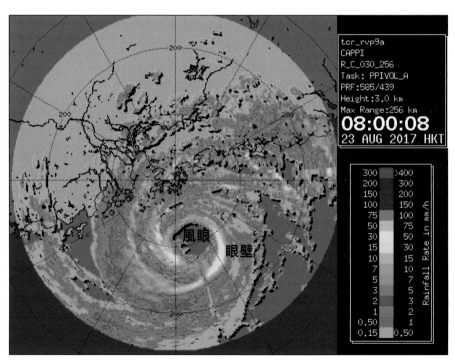

圖 3.9：2017 年 8 月 23 日上午 8 時，位於香港偏南方的天鴿（當時為強颱風）的雷達回波。中心沒有回波的區域為風眼，圍繞風眼的強對流為眼壁。（圖片來源：香港天文台）

產生多重眼壁

具備風眼的強熱帶氣旋（一般在強颱風級別或以上），有時會出現「眼壁置換過程」，在過程中有機會短暫出現雙重（圖 3.10）、甚至多重（圖 3.11）眼壁。眼牆置換過程並不罕見，但由於強熱帶氣旋靠近陸地時有機會減弱，多重眼壁較難從雷達或氣象站直接觀測得到。有時，外眼壁會收縮並取代內眼壁。

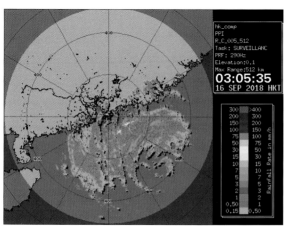

圖 3.10：雷達圖像（左）及微波掃描（右）顯示 2018 年嚴重影響廣東沿岸的超強颱風山竹出現雙重眼壁結構。（圖片來源：香港天文台〔左〕、美國太空總署〔右〕）

圖 3.11：衛星圖像（左）及微波掃描（右）顯示 2001 年颶風 Juliette 曾出現三重眼壁結構。（圖片來源：美國太空總署）

小知識

對流熱塔

風暴中心附近有時會出現劇烈的對流活動，積雨雲能發展至對流層頂甚至平流層 *，並伴隨閃電活動，這種現象稱為「對流熱塔」（Convective Hot Tower）（圖 3.12）。對流熱塔釋放的潛熱可為風暴提供大量能量，而對流熱塔的出現意味着風暴短期內很可能迅速增強。2012 年為香港帶來 10 號風球的「韋森特」迅速增強期間，也曾出現對流熱塔（圖 3.13）。

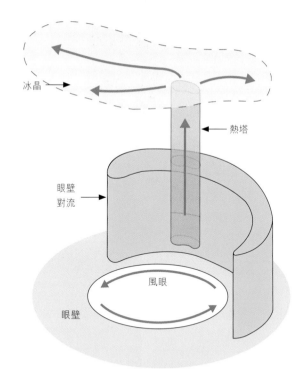

冰晶

熱塔

眼壁對流

風眼

眼壁

圖 3.12：對流熱塔示意圖。

* 對流層一般高度達 10-20 公里，平流層在對流層之上。

圖 3.13：2012 年韋森特眼壁曾出現與對流熱塔相關的閃電（白點）。
（圖片來源：香港天文台）

更多有關對流熱塔的知識可參考美國太
空總署網站（英文）：

2012 年韋森特的對流熱塔分析（英文）：

下投式探空儀

為及早掌握熱帶氣旋的強度、結構及中心位置，部分國家和地區會
派遣飛機飛越熱帶氣旋，利用機上氣象儀器進行實地觀測，並在高
空進行下投式探空觀測。

飛機會從高空投放下投式探空儀（圖 3.14），探空儀內備有氣象探測器和全球衛星定位系統（圖 3.15），在下降過程中記錄不同位置的風向、風速、溫度、氣壓和濕度等氣象數據，並透過無線電發射裝置傳送至飛機。

天文台近年與政府飛行服務隊合作，就一些對香港有潛在威脅的熱帶氣旋進行下投式探空觀測，而有關的觀測數據會與其他氣象中心分享。

圖 3.14：
下投式探空儀外觀。
（圖片來源：香港天文台）

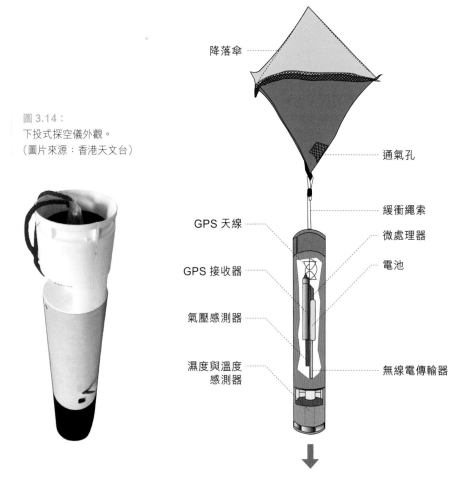

降落傘

通氣孔

緩衝繩索

GPS 天線

微處理器

GPS 接收器

電池

氣壓感測器

濕度與溫度
感測器

無線電傳輸器

圖 3.15：下投式探空儀內部結構示意圖。

颱風 vs 龍捲風

龍捲風是強勁的漩渦（圖 3.16），可以在陸地或水上形成（在水上形成的稱為水龍捲），其生命週期短暫，來去匆匆，但強烈龍捲風經過的地方往往只剩下一片廢墟，其破壞力可以超越颱風。不過，龍捲風的形成條件和特性卻和颱風截然不同（表 3.2）。

圖 3.16：龍捲風。（圖片來源：iStock.com / Francis Lavigne-Theriault）

表 3.2：颱風 vs 龍捲風 / 水龍捲

颱風	龍捲風 / 水龍捲
在溫暖海洋上生成	在陸地或水上形成，與雷暴產生的劇烈對流相關
直徑達數百公里	直徑約數十公尺至數公里
維持數天至一兩星期	維持數分鐘至一兩小時
受地球偏轉力影響，北半球的颱風環流呈逆時針旋轉	北半球的龍捲風大部分呈逆時針旋轉，但受地球偏轉力影響較小，小部分龍捲風可呈順時針旋轉

颱風引發的龍捲風

熱帶氣旋環流觸及陸地後，對流活動也不一定會減弱。如果陸地上有較強的低空風切變，龍捲風就有機會出現，而龍捲風發生的位置，一般在熱帶氣旋移動方向的右前方；珠三角尤以佛山一帶，過去就曾多次出現熱帶氣旋觸發的龍捲風（圖 3.17）。

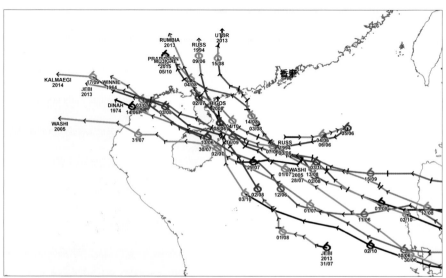

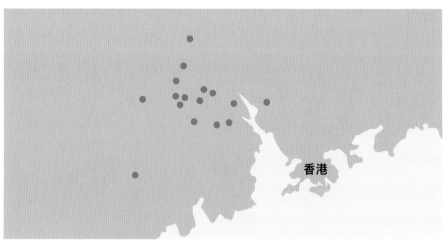

圖 3.17：曾在珠三角引發龍捲風的熱帶氣旋路徑（上）及龍捲風起始位置（下）。
比較兩幅圖，可見龍捲風多出現在熱帶氣旋的右前方。

香港　　　　　　南川　　　　圓規

獅子山

在 2010 年風季，三股颱風曾發生相互作用，位於南海的「獅子山」路徑飄忽。（香港時間 2010 年 8 月 31 日上午約 8 時半左右的衛星雲圖，圖片來源為日本氣象衛星 MTSAT-2）

第四章

變化莫測的颱風路徑

當沒有太大的外在因素影響下，北半球的熱帶氣旋一般會向西北方向移動，但有時熱帶氣旋會受多個外在因素影響其移動範圍，包括副熱帶高壓、西風槽、另外的熱帶氣旋或漩渦，以及熱帶氣旋本身的「內力」。

如缺乏明顯的引導氣流，熱帶氣旋也會出現十分怪異的路徑，例如蝴蝶結路徑；不得不說大自然的力量真令人驚嘆。

圖 4.1：1991 至 2020 年西北太平洋熱帶氣旋路徑（資料來源：香港天文台）。

6 熱帶氣旋的「內力」

為甚麼熱帶氣旋會有「內力」呢？這是由於熱帶氣旋的不同部分所受到的地球偏轉力，即**科里奧利力**有差異而引起的。

舉個例子説明，假設一個在北半球的熱帶氣旋（圖 4.2），東西兩端（a及 b）位處同一緯度，科里奧利力的作用互相抵銷。而北端（d）較南端（c）所受到的科里奧利力更大，這個力的差別會把熱帶氣旋帶往西北方向移動。颱風的環流愈廣闊、強度愈高，「內力」也會愈大。

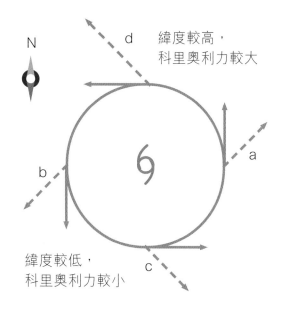

N

d　緯度較高，
　　科里奧利力較大

b　　　　　　　　　　　a

緯度較低，
科里奧利力較小

c

圖 4.2：「內力」的簡化示意圖。

小知識

上圖是一個方便解釋「內力」的簡化圖
解，如想更深入了解，可參考：

▶

第四章／變化莫測的颱風路徑

小知識

科里奧利力（科氏力）

地球由西向東自轉（即逆時針運轉），表面任何一點會隨之轉動。在北半球，近赤道的地點相比近北極的地點向東移動較快。當空氣在北半球向北流動時，由於慣性作用，這團空氣會保持着原有由西向東的移動速度，但當它移到較北的地點時，空氣向東的速度會比該地點向東的速度快。因此，相對地球表面來說，在北半球移動的空氣會出現向右偏移的現象（圖 4.3），情況就如同有一種力把氣團推右；在南半球時情況則相反。在氣象學上，此假想力被稱為科里奧利力（簡稱科氏力）。隨着緯度增加，科氏力會加大；而接近赤道，科氏力會接近零。

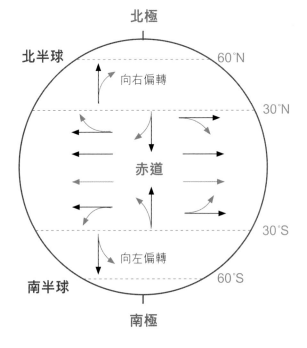

圖 4.3：科里奧利力導致北半球的氣團向右偏轉，南半球則向左偏轉。

副熱帶高壓的影響

副熱帶高壓是一團深厚的暖空氣，是主導熱帶氣旋移動的天氣系統。很多熱帶氣旋會以順時針方向圍繞副熱帶高壓移動（圖 4.4），即在副熱帶高壓的南側向西或西北方向移動，而當移至副熱帶高壓西側時會轉向偏北或東北方向移動。

圖 4.4：副熱帶高壓引導熱帶氣旋順時針方向移動。

然而，副熱帶高壓的覆蓋範圍時有變化，例如當副熱帶高壓西伸時（向西伸延），位於副熱帶高壓南側的熱帶氣旋則傾向採取較為偏西的方向移動，移至較西地區（圖 4.5）。相反，當副熱帶高壓東退時（向東移動），位於副熱帶高壓南側的熱帶氣旋會有較大機會採取較為偏北的方向移動（圖 4.6）。

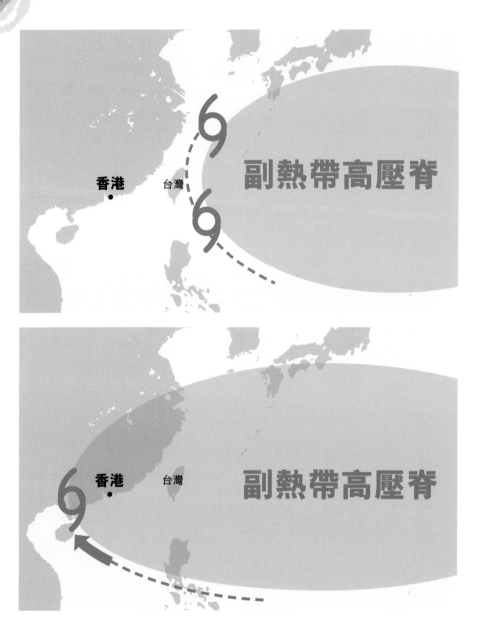

圖 4.5：隨着副熱帶高壓西伸，熱帶氣旋傾向採取較為偏西的方向移動。

實例一：
副熱帶高壓向東退

2021年9月，超強颱風「蒲公英」位於副熱帶高壓的南側（圖4.6），有趨勢橫過呂宋並進入南海；但當時的副熱帶高壓正在東退（即向東移動），再加上有西風槽影響（詳見p.93），使「蒲公英」未進入南海前在台灣附近轉彎北上。

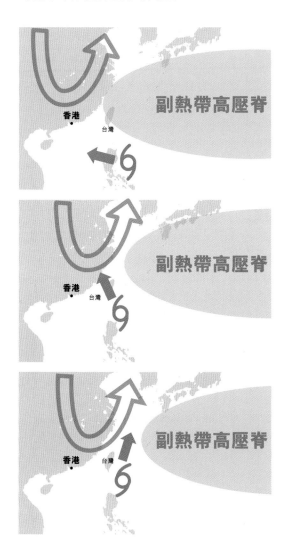

圖4.6：
2021年熱帶氣旋「蒲公英」隨着副熱帶高壓東退及西風槽移近而轉為向北移動。

實例二：
副熱帶高壓脊北抬

一般而言，在 7 至 8 月期間，副熱帶高壓脊會位於日本以南的太平洋海域，導致熱帶氣旋沿着高壓脊北上後，被高壓脊北側的氣流引導向東至東北移動（圖 4.7）。

然而，在 2018 年 7 月，副熱帶高壓脊較平常移往更北的位置，位處日本以北的地方（圖 4.8），當時颱風「雲雀」雖已位處日本附近，位置相當偏北，但由於副熱帶高壓脊處於更偏北的位置，故此「雲雀」並不是向東至東北移動，反而被高壓脊南側的偏西氣流引導，引致向西甚至西南移動，實屬少見。

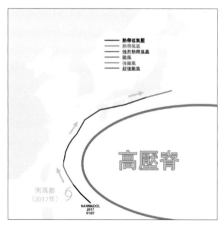

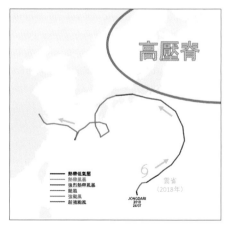

圖 4.7：熱帶氣旋的典型路徑。

圖 4.8：颱風「雲雀」在日本附近大致向西移動。

西風槽帶來的冷空氣

另一個影響熱帶氣旋移動的天氣系統是高空的西風槽，它的主要作用是將高緯度的較冷空氣帶往南方，令本身是暖性的副熱帶高壓脊減弱或向東退，這有利位於西風槽東南面的熱帶氣旋轉向，逐漸改為向北至東北方向移動（圖 4.9）。

西風槽的移近，也為熱帶氣旋帶來冷空氣及較強垂直風切變（即大氣低層與高層的風向風速不一致），有機會令熱帶氣旋減弱或演變成「溫帶氣旋」（參考第二章）。

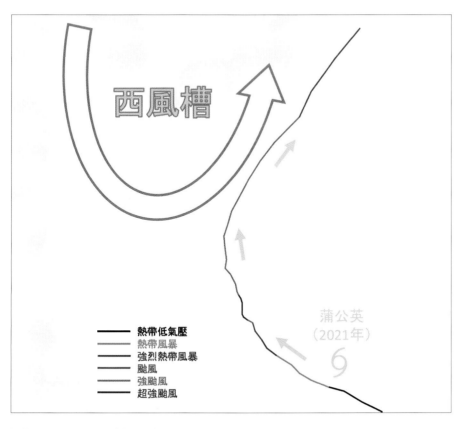

圖 4.9：西風槽對熱帶氣旋路徑的影響。

熱帶氣旋演變成溫帶氣旋

2018 年 7 月 4 日熱帶氣旋「派比安」移至日本海（圖 4.10 上）；「派比安」橫過日本海時演變成溫帶氣旋，兩側出現冷鋒（藍色線）及暖鋒（紅色線）（圖 4.10 下）。

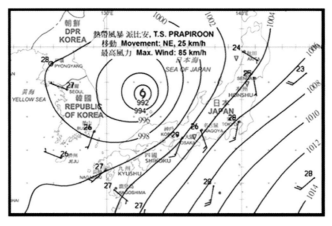

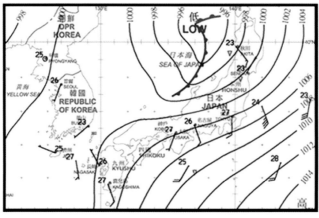

圖 4.10：2018 年熱帶氣旋「派比安」（上）演變成溫帶氣旋（下）。

地形影響颱風走向

第二章已介紹熱帶氣旋登陸後會減弱甚至消散的情況；熱帶氣旋經過陸地起伏的地勢時，移動路徑也會受到影響。

來自西北太平洋的颱風，在影響海南、廣東、福建一帶前，很多時候會經過台灣或呂宋，路徑往往有機會受地勢影響而出現變化。類似情況也會在海南島出現。

台灣中央山脈的影響

台灣有一道狹長、南北走向的「中央山脈」，高度有 3 千米以上。有研究指出，中央山脈會使經過台灣的熱帶氣旋產生一些特殊的現象，簡單而言可分成以下的類型：

1. **整體越過中央山脈**（路徑可能出現 U 形特徵，見圖 4.11）。
2. **熱帶氣旋的中心一分為二。**

颱風登陸台灣時的變化

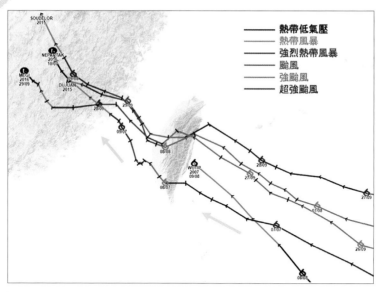

圖 4.11：台灣地形影響颱風移動路徑。

呂宋地形的影響

熱帶氣旋經過陸地後，有時可以在下游，如高山的另一側產生一個新的低壓中心，亦可能出現 U 形的移動路徑。下圖展示熱帶氣旋經過呂宋後的路徑例子。

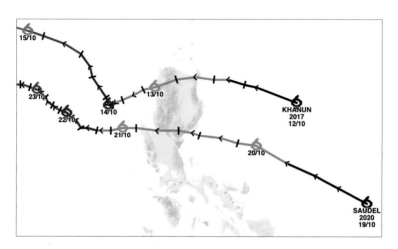

圖 4.12：呂宋地形影響颱風出現 U 形路徑。

海南島地形令颱風路徑較分散

熱帶氣旋經過海南島時，有時同樣在山的另一側產生低壓中心。從過往的例子來看，熱帶氣旋經過海南島後的路徑可以比較分散。

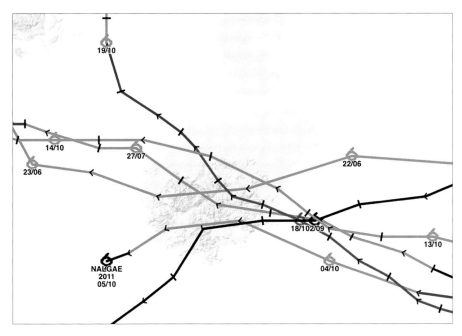

圖 4.13：海南島地形令颱風移動路徑較分散。

6 季候風與「秋颱」的關係

在秋季，東北季候風會為華南沿岸地區及南海帶來強風，這時候當有
熱帶氣旋進入南海，香港在東北季候風及熱帶氣旋共同影響下，風勢
可能增大，在以下的天氣圖可以看見緊密的等壓線（圖 4.14）。

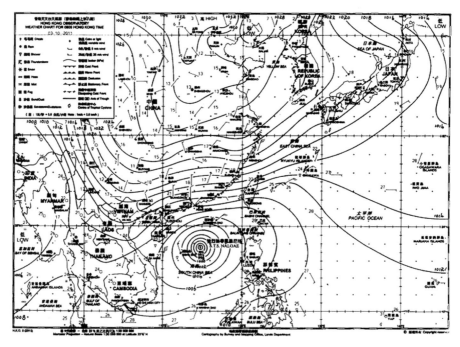

圖 4.14：2011 年 10 月 3 日香港受到季候風與「尼格」的共同影響，風勢很大。圖中可以看到
華南及南海北部的等壓線十分緊密。（資料來源：香港天文台）

另一種情況是熱帶氣旋受東北季候風較涼空氣入侵，強度有所減弱。
由於季候風來自內陸，很多時候會較為乾燥，令熱帶氣旋減弱得更
快，甚至消散。除了強度的影響，東北季候風亦有機會改變熱帶氣旋
的路徑，將氣旋推往西南方向。

實例三：
羅莎「急轉彎」

2013 年 10 至 11 月，強颱風「羅莎」原本長驅直進南海北部，卻被南下的東北季候風擋路，結果來了個倒 V 形的「急轉彎」並迅速減弱（圖 4.15）。

實例四：
減弱又重生的颱風「艾利」

2016 年 10 月，「艾利」在移近華南沿岸時被東北季候風推走，轉往西南方向移動並一度減弱為低壓區。在遠離東北季候風的影響後，「艾利」再度增強為熱帶低氣壓（圖 4.15）。

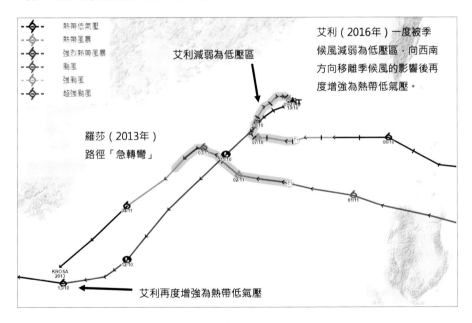

圖 4.15：熱帶氣旋「羅莎」及「艾利」的路徑。

實例五：
「玉兔」與季候風的共同效應

2018 年 10 至 11 月，在東北季候風及颱風「玉兔」的共同影響下，天文台曾發出 3 號強風信號。其後「玉兔」的環流受乾燥氣流入侵而明顯減弱（圖 4.16）。

實例六：
迅速減弱的「艾莎尼」

2020 年 11 月初，「艾莎尼」在南海東北部迅速減弱（圖 4.16），對香港沒有威脅，即使進入香港 800 公里範圍，天文台也毋須發出熱帶氣旋警告。

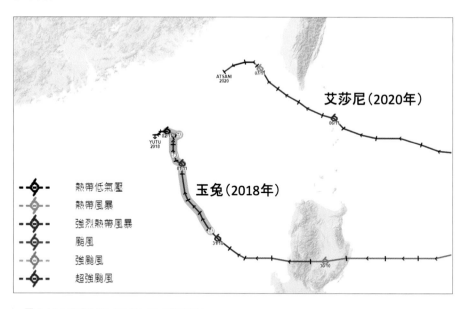

圖 4.16：熱帶氣旋「玉兔」及「艾莎尼」。

 藤原效應

「藤原效應」源於日本人藤原咲平博士於 1921 至 1923 年一系列的渦旋實驗及觀測。他發現兩個距離較近的氣旋會受到對方的影響，互相沿着兩者中心所形成的軸心，呈氣旋性方向移動（圖 4.17）。兩個渦旋可能會向彼此接近，甚至合併。有時，當大小不同的熱帶氣旋移近對方時，較小的熱帶氣旋會受較大的氣旋支配，甚至減弱或消失（圖 4.18）。

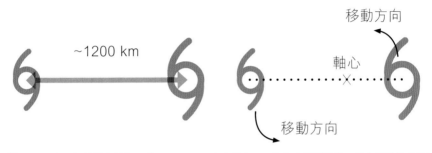

圖 4.17：當兩個熱帶氣旋相距約 1,200 公里或以下時，可能產生相互影響，使它們繞着共同軸心以逆時針方向轉動（在北半球的情況），軸心通常會更靠近較大或較強的熱帶氣旋。

圖 4.18：較大或較強的熱帶氣旋會支配着較小或較弱的熱帶氣旋，使後者圍繞前者移動。

那麼，兩個熱帶氣旋的相互作用何時會結束？

1. 受到外圍更強的引導氣流影響，其中一個熱帶氣旋跟隨引導氣流離開；
2. 其中一個減弱，不再對另一個造成影響；
3. 隨着兩個熱帶氣旋合併而結束。

實例七：
「天秤」與「布拉萬」

2012 年 8 月，較小的熱帶氣旋「天秤」受較大的熱帶氣旋「布拉萬」影響，結果「天秤」在南海北部打圈，再轉向北上。「布拉萬」受「天秤」的影響則較小。

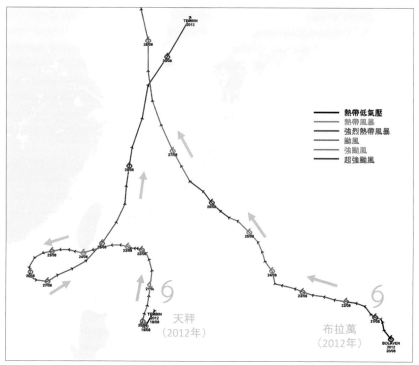

圖 4.19：「天秤」和「布拉萬」的移動路徑，可見「天秤」受「布拉萬」牽引北上。

「迷途」的熱帶氣旋

有些熱帶氣旋在缺乏明顯引導氣流或在引導氣流不斷改變的情況下，會出現怪異的路徑，以下是曾經出現的例子，大家可能印象深刻。

實例八：
一波三折的「韋恩」

1986 年 8 月，「韋恩」受多個因素影響，包括在西北太平洋的熱帶氣旋「維娜」，以及北面的反氣旋等，結果三度靠近香港，令天文台三次「掛波」和「落波」（圖 4.20）。

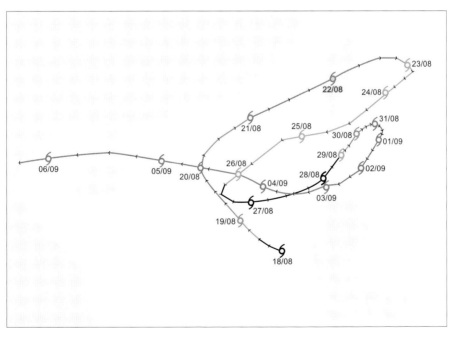

圖 4.20：熱帶氣旋「韋恩」的移動路徑。

實例九：
「貝碧嘉」的蝴蝶結

2018 年 8 月，「貝碧嘉」在缺乏明顯引導氣流情況下，以及受到局部地區的微妙轉變所影響，結果畫出了一條蝴蝶結般的路徑（圖 4.21），實在令人感到奇妙。

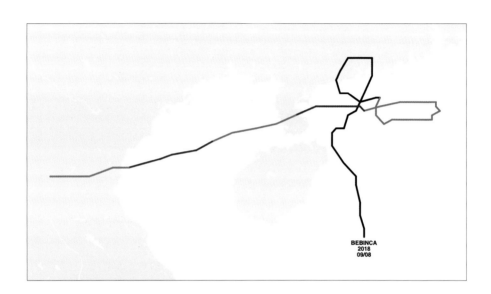

BEBINCA
2018
09/08

圖 4.21：熱帶氣旋「貝碧嘉」呈現蝴蝶結的移動路徑。

6 熱帶氣旋路徑概率預報

天文台的「熱帶氣旋路徑概率預報」提供未來九天熱帶氣旋經過某地方的概率，讓大家了解未來九天熱帶氣旋的移動趨勢。大家可以從顏色覆蓋的範圍大小得知熱帶氣旋預測路徑的不確定性及影響香港的機會（圖 4.22）。

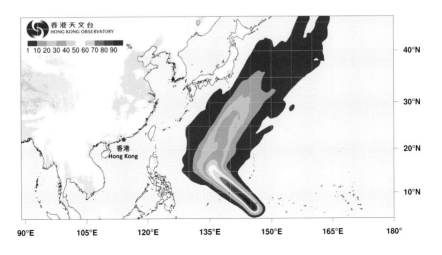

圖 4.22：2022 年超強颱風「馬勒卡」的其中一次路徑概率預報。偏紅色區域表示機會較高，黃色表示機會中等（50% 左右），偏藍色表示機會較低。雖然「馬勒卡」在菲律賓以東轉彎的位置比較不確定（轉彎位置藍色部份橫跨的範圍約為東經 130 至 140 度），但整體趨勢顯示香港受其影響的機會極低。

	路徑顏色沒有覆蓋香港附近	路徑顏色覆蓋香港附近
預測路徑較一致	香港受其影響的機會極低	• 有機會靠近香港（如顏色為偏紅色，機會較高） • 及早防範 • 密切留意天氣消息
預測路徑較不確定	目前預料香港受其影響的機會極低，但仍須留意最新預測路徑有否改變	• 視乎需要開始防範 • 密切留意天氣消息及最新預測路徑有否改變

熱帶氣旋路徑概率預報（左）
路徑預測睇「彩」數（右）

2018 年 9 月 16 日，「山竹」襲港，巨浪沖擊沿岸地區，造成嚴重破壞。（照片選自香港天文台網頁──山竹風暴破壞互動地圖，攝影：HC Chan）

第五章

颱風對香港的影響力

夏季是颱風最常侵襲香港的季節。

打工仔最關心的是颱風期間要否上班，
但其實颱風威力驚人：
暴雨、巨浪、風暴潮、低窪水浸……，
大自然的破壞力非我們能想像得到。

6 「打風」前，香港天晴、悶熱

提起「打風」，相信不少人會聯想到「橫風橫雨」、巨浪滔天的場面。不過風雨欲來之前，熱帶氣旋對我們的影響首先可能是悶熱的天氣。

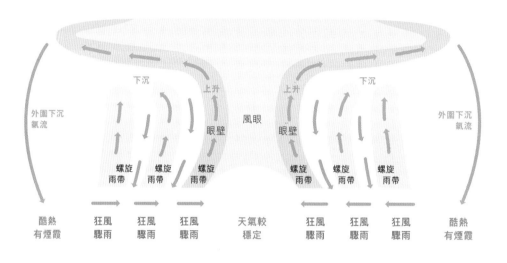

圖 5.1：熱帶氣旋不同位置的天氣變化。

圖 5.1 顯示熱帶氣旋的大致結構（詳細解說見第三章）：首先，我們看看熱帶氣旋的中心，一些較強的熱帶氣旋在其中心可能出現風眼，這裏的風勢較微弱，反而在中心周圍有猛烈的上升氣流，上升氣流處於雨帶的位置，雨帶經過的地方天氣惡劣，通常會有狂風暴雨。當上升氣流到達對流層頂時，由於更高層大氣〔即平流層〕一般處於穩定狀態，氣流不能再上升，隨之會往水平方向由中心往外擴散，最終在熱帶氣旋較外圍位置形成下沉氣流。

下沉氣流既會令氣溫上升，亦不利雲的形成。在熱帶氣旋外圍下沉氣流

所影響的地區，一般較多陽光亦非常悶熱，且風力較弱，空氣中的懸浮粒子容易積聚形成煙霞；日間悶熱，容易到傍晚時分觸發猛烈的雷雨。

根據過往經驗，當熱帶氣旋移近台灣或呂宋海峽時，香港往往會出現上述的情況，而且會同時受到偏北風影響，將內陸酷熱的氣團帶到香港。另一方面，即使大風大浪仍未開始影響香港，大家也要提防俗稱「瘋狗浪」的湧浪（詳見第六章）。

熱帶氣旋引致酷熱天氣

1884 至 2021 年期間，天文台總部錄得的最高氣溫首兩位是：2017 年 8 月 22 日的攝氏 36.6 度及 2015 年 8 月 8 日的攝氏 36.3 度，兩者均與熱帶氣旋（分別是 2017 年天鴿及 2015 年蘇迪羅）外圍的下沉氣流及偏北風有關（圖 5.2）。

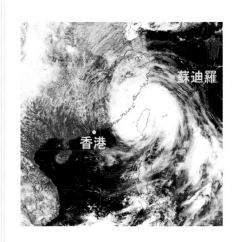

圖 5.2：
蘇迪羅的下沉氣流為香港帶來晴朗酷熱的天氣。（圖片來源：日本氣象廳 MTSAT-1R 衛星）

6　西登？東登？

一般情況下，若熱帶氣旋在香港以西登陸，相比起以東登陸，會為香港帶來較惡劣的天氣；導致這種差異的原因包括北半球熱帶氣旋的結構特徵，以及華南沿岸的地理環境，以下將逐一介紹。

表 5.1　西登 vs 東登

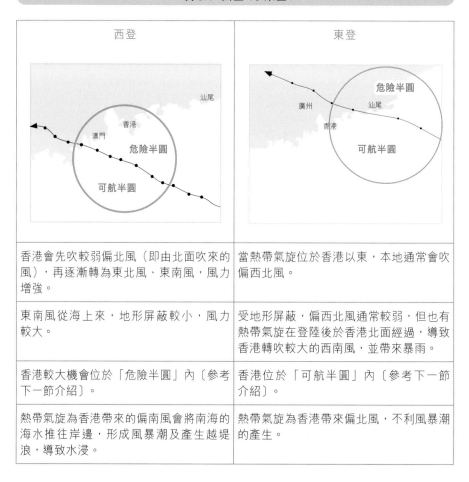

西登	東登
香港會先吹較弱偏北風（即由北面吹來的風），再逐漸轉為東北風、東南風，風力增強。	當熱帶氣旋位於香港以東，本地通常會吹偏西北風。
東南風從海上來，地形屏蔽較小，風力較大。	受地形屏蔽，偏西北風通常較弱，但也有熱帶氣旋在登陸後於香港北面經過，導致香港轉吹較大的西南風，並帶來暴雨。
香港較大機會位於「危險半圓」內〔參考下一節介紹〕。	香港位於「可航半圓」內〔參考下一節介紹〕。
熱帶氣旋為香港帶來的偏南風會將南海的海水推往岸邊，形成風暴潮及產生越堤浪，導致水浸。	熱帶氣旋為香港帶來偏北風，不利風暴潮的產生。

危險半圓的風力影響

即使是結構比較均勻對稱的熱帶氣旋，若位於它不同方位的位置，所感受到的風力也可能有很大差異。在北半球，熱帶氣旋周邊的風呈逆時針方向旋轉。如果按前進方向把熱帶氣旋分為左右兩個半圓的話，其右方半圓的風向與熱帶氣旋前進方向一致，兩者疊加而導致風速增加；而左方半圓的風向則與熱帶氣旋前進方向相反，導致風速減低。因此，熱帶氣旋右半圓（稱為**危險半圓**）的風力通常較左半圓（稱為**可航半圓**）的風力為強，尤其當熱帶氣旋的移動速度較高的時候，例如風暴以每小時 30 公里移動，其危險半圓的風力可以較可航半圓的風力高出每小時 60 公里。

此外，在西北太平洋及南海，熱帶氣旋的東北面通常為副熱帶高壓脊的所在位置，兩者之間的氣壓梯度一般較大，風力亦因此較強，而且大多數風暴的移動路徑都趨向西北方，危險半圓剛好與熱帶氣旋東北側的緊密氣壓梯度重疊，進一步增強右半圓的風力（圖 5.3）。

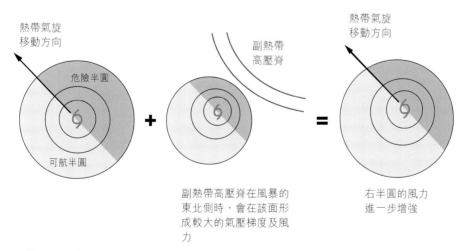

圖 5.3：熱帶氣旋的「危險半圓」和「可航半圓」，名稱原出自航海手冊。

對於香港來說，西登的熱帶氣旋讓我們處於危險半圓的機會較高，香港的風力也會較強。

颱風西登與東登，與香港的地理因素

香港位處華南沿岸，北面有內陸東西走向的山脈，而南面則為無遮無擋的海洋。由於陸地的摩擦力較海洋為大，所以在相同情況下，香港吹偏北風時（即由北方吹來的風），風力一般較吹偏南風時為弱。由於北半球的熱帶氣旋周邊的風呈逆時針方向旋轉，當熱帶氣旋在香港以西登陸時，本港普遍吹東南風，風力因此會較強。相反，當熱帶氣旋在香港以東登陸時，本港普遍吹西北風，風力便會較弱（圖 5.4）。

圖 5.4：熱帶氣旋在香港東面登陸〔東登〕，偏北風會受地形阻隔而減弱。

有趣的名字——「豬腰」與「沙灘球」

天文台預報員有一套預測工具稱為「豬腰」，用以預測熱帶氣旋帶來的風力（圖 5.5）。這些形狀特別的範圍是根據以往影響香港不同地點的「打風」記錄而製成的。

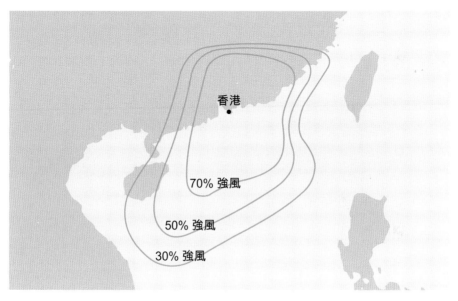

圖 5.5：「豬腰」的幾個範例。

簡單來説，「豬腰」主要分為**強風**及**烈風**兩種，以不同級數的熱帶氣旋和概率表示。細心的讀者可能發現，「豬腰」在西南方向延伸至較遠的距離，換句話説，當一個風暴集結在香港西南方向時，整體上香港而言會較為當風。這與我們之前所介紹的「危險半圓」及地理因素的影響大致符合。

小知識

360 度漫遊橫瀾島

橫瀾島是位於香港東南部的一個小島（圖 5.6）。當預計一個颱風（本文所指的颱風泛指颱風、強颱風或超強颱風）進入橫瀾島「豬腰」50% 強風範圍內時，則表示橫瀾島會有五成機會吹強風。

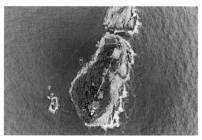

圖 5.6：橫瀾島鳥瞰圖及地理位置。

「沙灘球」（圖 5.7）表示熱帶氣旋處於不同位置時，橫瀾島出現的盛行風向（最常出現的風向）。

試試不看「沙灘球」上的文字，你能猜出熱帶氣旋在不同位置時香港吹甚麼方向的風嗎？（提示：熱帶氣旋周圍的風場以逆時針方向旋轉。）

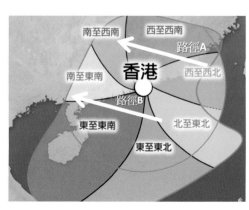

圖 5.7：「沙灘球」的風向。

想一想，在圖 5.7 中，當熱帶氣旋沿路徑 A 或路徑 B 移動，本地的風向變化會有甚麼不同呢？

需要注意的是，「豬腰」及「沙灘球」只分別表示大概的機會率及風向，實際風力情況仍需視乎熱帶氣旋的環流大小、螺旋雲帶的分佈，以及結構是否對稱等等。而且，熱帶氣旋的預測路徑偏差也會影響風向及風力的預測，假如熱帶氣旋遇上東北季候風，情況會更複雜，預報難度也會更高。

 風起了⋯⋯

當颱風靠近香港，狂風暴雨及滔天巨浪也會隨之而來，我們將會在第六章詳細講述應對的方法。

 小知識

熱帶氣旋三大害：強風、暴雨、巨浪

最厲害的風暴潮

風暴潮的主因是熱帶氣旋從海上猛烈吹向陸地，風力把海水推往岸邊，而且氣旋中心的低氣壓也會把海水吸起，令中心附近的海平面升高（圖 5.8），令水位更高。風暴潮會導致低窪地區淹浸，對沿岸設施造成嚴重破壞。

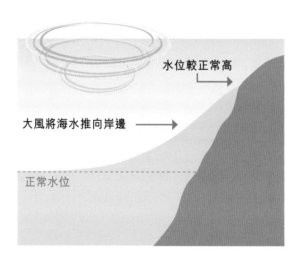

水位較正常高 →

大風將海水推向岸邊 →

正常水位

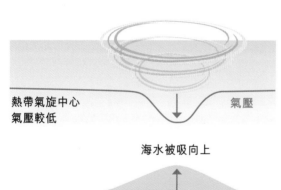

熱帶氣旋中心氣壓較低　　氣壓

海水被吸向上

水位

圖 5.8：熱帶氣旋引致風暴潮的兩個機制。

當風暴潮出現時，潮汐站所錄得的水位是正常天文潮位（由月球和太陽引力造成的潮汐高度）加上風暴潮帶來增水後的潮位高度。由於正常天文潮位每日都有變化，若風暴潮出現於漲潮時，風暴潮增水所帶來的潮位高度會特別高；相反，若風暴潮出現於退潮時，風暴潮增水會被退潮抵銷。

潮位高度還受到如季候風、海岸線形狀等因素影響。各種因素疊加起來，引致不同沿岸位置錄得的潮位高度有所不同。香港曾在吐露港出現傷亡極為嚴重的風暴潮，原因是吐露港的形狀如一個從西南至東北走向的「袋子」，當猛烈的東至東北風從大鵬灣將海水推入吐露港，海水根本無路可走，最後只有淹浸該帶的低窪地區如大埔和沙田（圖5.9）。

第七章將會提及兩個為吐露港帶來嚴重風暴潮的歷史颱風——1937年的丁丑颱風和 1962 年的溫黛。

圖 5.9: 猛烈的東至東北風從大鵬灣將海水推入吐露港，並淹浸該帶的低窪地區，如大埔和沙田。

當熱帶氣旋在香港以西登陸時，熱帶氣旋帶來的東南風會把海水推向岸邊，可造成嚴重的風暴潮；相反，當熱帶氣旋在香港以東登陸時，熱帶氣旋帶來的西北風會把沿岸的海水推回大海，抵銷了低氣壓的影響，所以風暴潮的情況一般並不明顯。

颱風災害：風暴潮

風暴潮之最

自 1954 年有儀器記錄以來，在維多利亞港錄得的最大風暴潮（由熱帶氣旋引致的增水）為 2018 年 9 月 16 日的 2.35 米（表 5.2），是由「西登」的超強颱風山竹引起。

表 5.2 鰂魚涌 / 北角潮汐站錄得的熱帶氣旋最高風暴潮首五位
（自 1954 年至 2021 年）

排名	風暴潮高度〔米〕 〔天文潮高度以上〕	熱帶氣旋	日期
1	2.35	山竹	2018 年 9 月 16 日
2	1.77	溫黛	1962 年 9 月 1 日
3	1.68	艾黛	1954 年 8 月 29 日
4	1.49	露比	1964 年 9 月 5 日
5	1.45	荷貝	1979 年 8 月 2 日

鰂魚涌 / 北角潮汐站錄得的最高潮位（潮汐站量度的最高水位）首兩位，是 1962 年 9 月 1 日的 3.96 米和 2018 年 9 月 16 日的 3.88 米（表 5.3），分別跟溫黛及山竹有關。山竹襲港當日為農曆八月初七，接近小潮的日子。若山竹於天文大潮時襲港，所帶來的破壞必會更為嚴重！

表 5.3 鰂魚涌 / 北角潮汐站錄得的熱帶氣旋最高潮位首五位（自 1954 年至 2021 年）

排名	潮位高度〔米〕 〔海圖基準面以上〕	熱帶氣旋	日期
1	3.96	溫黛	1962 年 9 月 1 日
2	3.88	山竹	2018 年 9 月 16 日
3	3.57	天鴿	2017 年 8 月 23 日
4	3.53	黑格比	2008 年 9 月 24 日
5	3.38	尤特	2001 年 7 月 6 日
5	3.38	圓規	2021 年 10 月 13 日

小知識

甚麼是海圖基準面？

「海圖基準面」是海平面高度的參考基準，通常基於最低的天文潮位而定，使基準面經常位於水面以下。由於不同地點的潮汐高度不一樣，各地的「海圖基準面」也會有所不同。

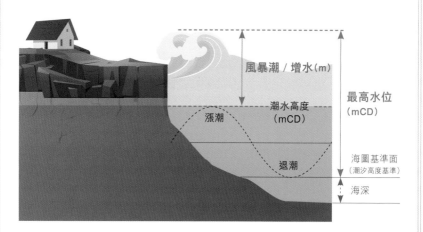

風暴潮 / 增水(m)

潮水高度（mCD）

漲潮

退潮

最高水位（mCD）

海圖基準面（潮汐高度基準）

海深

圖 5.10：海圖基準面示意圖。

導致 10 號颶風信號的熱帶氣旋路徑

韋森特、天鴿和山竹，都是近年導致天文台需要發出 10 號颶風信號的熱帶氣旋。你能從圖 5.11 找出它們路徑的相似之處嗎？

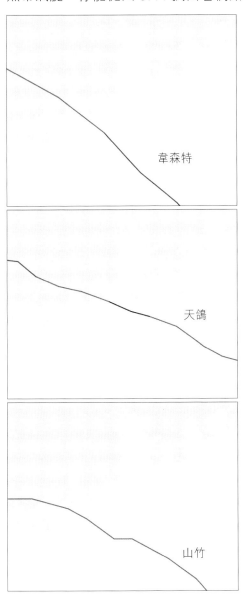

圖 5.11：韋森特、天鴿和山竹路徑相似。

颱
風
解
密
：
你
也
可
以
做
天
氣
達
人
！

這三個熱帶氣旋都是從西北太平洋，經過呂宋北部或呂宋海峽進入南海，在香港以南近岸的海上掠過，並在珠江口以西不遠地方登陸。

大家還記得嗎？2018 年的熱帶氣旋山竹，其破壞力異常驚人，導致嚴重水浸，大量塌樹、廣泛地區停電，甚至人命傷亡，以下影片拆解了山竹破壞力的原因，以及帶給香港的風暴潮。

小知識

回顧山竹之破壞力

▶

打風唔成三日雨？

大家經常聽到「打風唔成三日雨」，一般人理解「打風唔成」是指雖然有熱帶氣旋影響香港，但最高風球卻沒到 8 號信號。那麼「打風唔成」的結果是否真的會帶來幾天的雨水呢？

其實情況不能一概而論，香港的天氣變化，取決於熱帶氣旋的雨帶覆蓋範圍、熱帶氣旋移動及減弱的速度，以及副熱帶高壓脊強度等因素影響。

以下是一些例子，大家且看看「打風唔成三日雨」是否應驗？

2016 年熱帶氣旋「莎莉嘉」（圖 5.12），在 10 月 17 至 18 日為香港帶來 3 號風球。它在 10 月 18 日早上在海南島登陸，並於 10 月 19 日橫過北部灣，逐漸遠離香港。

然而，東北季候風與「莎莉嘉」相關的偏南氣流輻合，引致本港於 10 月 18 日至 19 日持續大雨和雷暴。在 10 月 19 日下午時段雨勢最大，為本港普遍帶來超過 100 毫米雨量，天文台需要發出自 1992 年開始運作的暴雨警告系統的首個十月份黑色暴雨警告。天文台於當日下午三至四時錄得的一小時雨量為 78.7 毫米，亦是自 1884 年有記錄至 2021 年為止，十月份的最高紀錄。

在這個例子中，由於 10 月 17 至 19 日皆錄得雨量記錄，到 10 月 20 日降雨才停止，因此「打風唔成三日雨」可說是應驗的。

圖 5.12：
2016 年 10 月的
「莎莉嘉」。

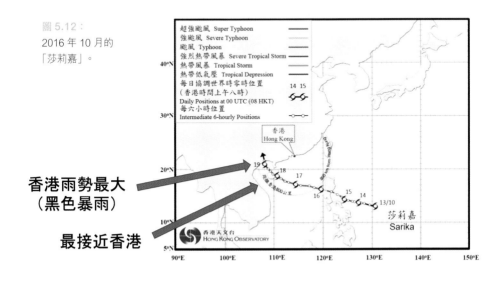

香港雨勢最大
（黑色暴雨）

最接近香港

我們看看另一個例子——2019 年的熱帶氣旋「白鹿」（圖 5.13）。天文台在 8 月 24 日發出 1 號戒備信號，「白鹿」在 8 月 25 日於香港東面登陸後減弱，當日天文台錄得 88.4 毫米雨量。天文台在當晚取消所有熱帶氣旋警告信號，但與「白鹿」相關的雨帶於 8 月 26 日凌晨為香港帶來大雨及狂風雷暴，天文台曾發出紅色暴雨警告信號，當日天文台的雨量達 178.3 毫米。隨後雨勢在 8 月 27 日減弱，天文台錄得只有 2.9 毫米雨量，而到 8 月 28 日天文台再沒有雨量記錄。

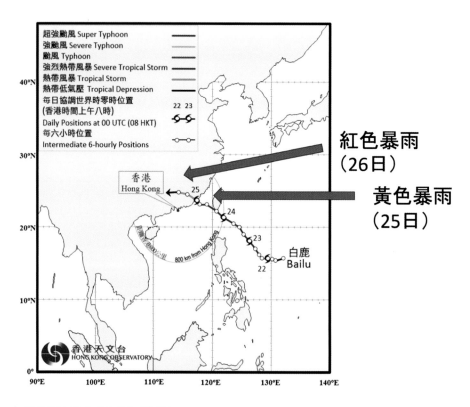

圖 5.13：2019 年 8 月的「白鹿」。

就以上的「打風唔成三日雨」例子說明，即使熱帶氣旋減弱或遠離，它仍可以為香港帶來惡劣天氣。雖然熱帶氣旋警告信號可能已經取消，但大家仍需留意其他警告，例如暴雨警告信號及強烈季候風信號等，不能鬆懈。

當然，我們也可以找到很多例子，說明「打風唔成三日雨」也不一定準確，例如 2020 年「沙德爾」、2018 年「百里嘉」、2013 年「溫比亞」及 2010 年「鮎魚」等等。「沙德爾」過後的數天，香港並沒有明顯降雨。「百里嘉」和「溫比亞」過後的數天，香港亦只錄得數毫米雨量記錄；至於「鮎魚」過後的數天，香港只有微量雨量記錄。

小知識

打風時，飛機可以起飛和降落嗎？

大家有沒有遇過以下情況？即使 8 號烈風或暴風信號生效，飛機仍可以起飛；但 3 號強風信號生效時，飛機反而停止升降？

飛機一般在逆風情況下（即風從正面吹向飛機）降落或起飛，因為逆風會為飛機帶來浮力。由於香港國際機場的跑道呈東北偏東至西南偏西走向，假如風向大致與跑道平行，也沒有風切變或湍流等不利因素，飛機仍然可以在 8 號信號（甚至 9 號信號）的情況下升降。可是，即使在 3 號強風信號的情況下，假如風向與跑道垂直（例如西登的風暴為香港帶來東南強風，或東登的風暴為香港帶來西北強風），強側風卻可以導致飛機停飛（圖 5.14 及 5.15）。在東南強風影響下，機場往往亦會受大嶼山影響而出現風切變及湍流，不利飛機升降。

圖 5.14 東北或西南風：風向與跑道平行，對飛機來說可做成對頭風，有利於飛機升降。

圖 5.15 東南或西北風：風向與跑道垂直導致側風，不利飛機升降。

第五章 / 颱風對香港的影響力

將軍澳海傍在「山竹」吹襲後滿目瘡痍。（圖片由岑智明先生提供）

第六章

危機四伏，趨吉避凶

熱帶氣旋帶來的大風和大雨，
經常會造成破壞及人命傷亡。
但是，風雨到來前或遠離期間，
亦暗藏危機，大家切勿掉以輕心，
及早作出準備，才能趨吉避凶，
保障生命安全。

6 危機一：
小心「瘋狗浪」「咬」死人

你聽過「瘋狗浪」嗎？

在風和日麗、風微弱的日子，海面看起來很平靜，沒有大浪的蹤跡。但如果遠方有熱帶氣旋，即使本地仍未受到它所帶來的大風大浪影響，海邊也可能突然翻起「瘋狗浪」，把人捲走！在岸邊或進行水上活動的人士要特別警惕這種「瘋狗浪」的威脅，時刻留意最新的天氣資訊。

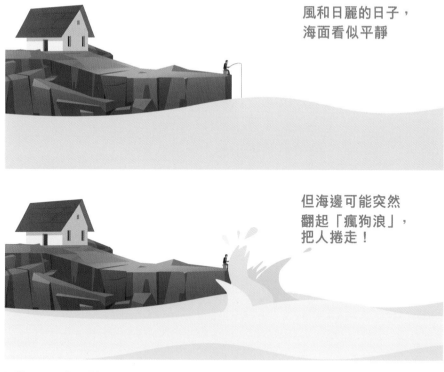

風和日麗的日子，
海面看似平靜

但海邊可能突然
翻起「瘋狗浪」，
把人捲走！

圖 6.1：可怕的「瘋狗浪」，危機四伏。

「瘋狗浪」的正式名稱是「**湧浪**」。在風暴中心以及周邊的地方，刮起的大風導致海面翻起大浪。這些大浪的移動速度高於風暴的移動速度，因此湧浪可以遠離氣旋中心，並通過海洋傳播至遠處，所以即使遠離熱帶氣旋的地方沒有大風大浪，也可以出現湧浪。

遠方熱帶氣旋附近
有大風大浪

湧浪傳播

本地風和日麗

圖 6.2：熱帶氣旋與湧浪的關係。

更危險的是，湧浪在到達近岸的淺水區時會突然升高（圖 6.3）。一不留神，在岸邊的人可能會走避不及，被突如其來的湧浪捲走！

所以，即使在 1 號戒備信號生效或甚至沒有任何警告信號生效時，大家也要留意天文台發出有關湧浪的消息和呼籲，以策安全！

在淺水區，
湧浪會突然增高

在深水區，
湧浪比較不明顯

圖 6.3：湧浪高度與水深的關係。

危機二：
風眼過境，你見過嗎？

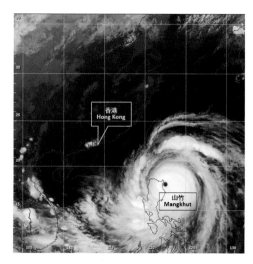

圖 6.4：從衛星圖像俯瞰較強的熱帶氣旋，中心較暗的黑點位置就是熱帶氣旋的「風眼」。圖為「山竹」達到超強颱風強度時的衛星圖片。（圖片來源：香港天文台及日本氣象廳向日葵 8 號衛星）

很多時候，較強的熱帶氣旋在其中心會出現一個圓形的風眼。風眼內的風力較弱，天氣相對穩定，與風眼周圍的「橫風橫雨」形成強烈對比。在風眼過境時，大雨可能驟然停止，風勢突然顯著減弱，甚至在白天時有機會看見陽光。視乎風眼大小及移動速度，這個情況大概會維持數十分鐘至數小時不等。

這時風勢減弱，但千萬別掉以輕心！因為當風眼離開，狂風大雨就會再次迅速來襲，而且大風會從之前完全不同的方向吹來。雖然在風眼中心天氣短暫好轉，但我們應該繼續逗留在安全地方，直至風暴完全離開。

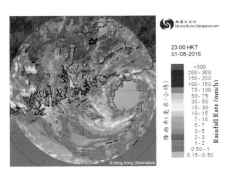

風眼到達前：受眼壁影響，香港（圖中央位置）有狂風大雨（黃綠色部分）

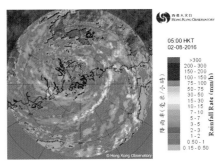

風眼過境時：大雨稍為減弱（藍色部分）。由於妮坦在橫過香港時減弱，風眼變得不及之前清晰

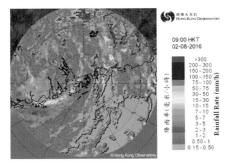

風眼過境後：香港再次受眼壁影響，狂風大雨再度增強（黃綠色部分）。

圖 6.5：2016 年熱帶氣旋「妮坦」的風眼經過香港時的雷達圖像。（圖片來源：香港天文台）

6 危機三：
小心！建築物防風嗎？

建築物受颱風吹襲，可能會出現以下的情況：

- 建築物外牆的物料剝落；
- 玻璃幕牆或玻璃窗碎裂；
- 沒有穩妥固定的吊船在風中搖擺而撞擊大廈外牆及窗戶，造成破壞；
- 大廈電梯可能因電壓驟降而出現故障，令使用者受困。

所以在熱帶氣旋影響時，最好留在安全的室內，做好防風措施，直至危險過去才外出。

大家還記得「山竹」襲港時的情形嗎？有經歷過建築物搖晃的情況嗎？

其實在建築設計上，大廈是可以在強風中搖晃的，例如摩天大廈的擺動幅度可達 1 至 2 米！不過，大家毋須擔心，現代建築物的防風標準相當嚴謹，大廈在風中搖擺屬於正常現象，只是搖擺可能會造成暈浪的感覺而已，就如在陸地上「暈船浪」。

打風前，在玻璃窗貼上膠紙有幫助嗎？

雖然美國國家颶風中心曾指出，膠紙在玻璃上產生的抵禦力微弱，不能抵受強風吹起的雜物撞擊，建議使用木板或金屬擋風板保護窗戶。不過香港與美國的情況不同，安裝擋風板不太實際，而且實驗也證明，貼上膠紙的玻璃的確較能抵受重物的衝擊。一起來看看以下簡易防風法的短片：

膠紙可以改變玻璃的自然頻率，減低大風引致玻璃震動產生的共鳴效應。究竟膠紙貼成甚麼形狀較能抵禦強風？

答案是——最好貼成米字型，第一節省膠紙；第二比較透光，適合香港的環境。

危機四：
莫追風、莫欺水

在新聞報道上，偶爾會聽到有人貪求刺激，在熱帶氣旋影響期間追風逐浪，挑戰「極限運動」，這些都是極為不當的行為。熱帶氣旋造成的大風大雨、巨浪甚至湧浪，都足以致命。

2015 年熱帶氣旋「彩虹」襲港，某極限越野跑山賽仍在連場狂風暴雨下如期舉行，期間一名跑手失足墮崖重傷。追風逐浪的人遇上意外，除了令自己受傷，更會使救援人員也身陷險境，害己害人！假如在網上看到相關的短片，建議不要「讚好」或「分享」，以免鼓勵繼續進行這類危險行為。

⑥ 防範未然，天災應變計劃

在政府《天災應變計劃》的框架下，各部門有應變程序，參考天文台發出的警告信號及風暴潮信息，採取防禦措施。此外還會定期進行演習。

圖 6.6：針對大澳出現水浸的情況，跨部門模擬救援及疏散演練。（圖片來源：香港天文台）

圖 6.7：當天文台發出風暴潮信息，預測大澳的水位上升至一定高度，渠務署在風暴來臨前會於大澳安裝可拆卸式擋水板，以防水淹。（圖片來源：香港天文台）

做好防風措施

當 1 號戒備信號生效時，請檢查以下這些防風措施都做好了嗎？

- 玻璃窗貼上膠紙

- 搬走戶外的花盆

- 綁好鬆散的物件

- 清理排水溝

- 準備足夠食水及食物

天氣轉壞的應對措施

颱風即將到來時，天氣開始轉壞，要密切留意以下的情況：

- 留在安全地方，關好門窗

- 留意最新風暴消息

- 遠離低窪地區或水浸黑點

- 遠離斜坡，提防山泥傾瀉

** 緊記：切勿外出、觀浪、衝浪

6 三十六着，走為上着

當颱風及暴雨來臨，若身處的地方有水淹、倒塌或山泥傾瀉的危險，應盡快離開。平時應在家中準備俗稱「走佬袋」的逃生包，放置於門口附近，方便攜帶及使用，萬一遇上緊急情況必須離家一段時間，「走佬袋」可大派用場。

根據香港賽馬會災難防護應變教研中心資料，「走佬袋」應使用有防水功能的背包，包括：

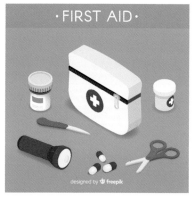

- 約三天份量的食水和乾糧
- 急救包
- 藥物
- 通訊器材
- 身份證明文件副本
- 保暖工具
- 便利雨衣
- 零錢
- 照明用具
- 備用電池
- 哨子
- 萬用刀

其他建議物品：充電器及電線

住在低窪地區的居民，如收到政府部門通知需要撤離到臨時庇護中心或其他安全地方暫避，應立即配合安排。

圖 6.8：在「山竹」吹襲期間，居民在民安隊協助下撤離。（圖片由民安隊提供）

⑥ 惡劣天氣下的共同災害效應

熱帶氣旋會帶來強風、暴雨、巨浪、風暴潮，甚至山泥傾瀉等災害（參考第五章）。當這些惡劣天氣同時出現時，後果可以比單一災害更嚴重，我們需要採取更全面應對措施，也需要提早更多時間作出準備，需要時立即撤離至安全地方暫避。

1999 年，熱帶氣旋「森姆」襲港，在西貢東部登陸（圖 6.9）。天文台除需要發出 8 號烈風或暴風信號，在「森姆」逐漸遠離本港時，與其相關的西南強風更帶來暴雨，天文台需要發出黑色暴雨警告信號，而山泥傾瀉警告亦持續了 40 小時。「森姆」為香港帶來 616.5 毫米雨量，成為當時自 1884 年有記錄以來，為香港帶來最多雨量的熱帶氣旋。比較幸運的是，「森姆」在登陸前減弱為強烈熱帶風暴，而其偏東的路徑也沒有導致嚴重的風暴潮。

「森姆」這個例子提醒我們——熱帶氣旋同時帶來多種災害並非天方夜譚，假如「森姆」登陸時風力強一點點、路徑偏西一點點，它帶來的後果就很可能不只差一點點！

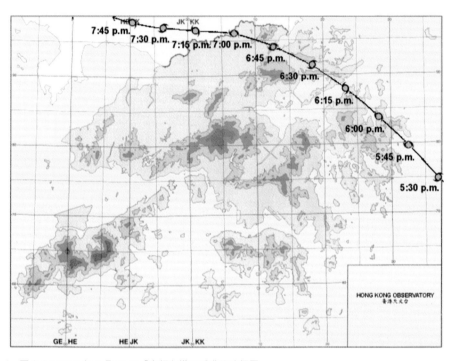

圖 6.9：1999 年 8 月 22 日「森姆」橫過香港的路徑圖。

颱風過後就安全嗎？

大家可能有一種錯覺，認為當 8 號信號取消了，危險就立即解除，急不及待外出購物吃飯，殊不知，其實危機還在身旁。

當熱帶氣旋逐漸遠離香港，雖然本地風力整體而言會減弱，但部分地區風勢可能仍然頗大，大家不可掉以輕心。即使 8 號風球已被 3 號風球取代，也並不代表與大風相關的威脅完全解除，香港普遍地區的風力仍然達到強風程度。

此外，在風暴吹襲香港期間，市面可能已受到一定程度的破壞，需要一段時間才能修復。路上可能危機處處，除了塌樹、水浸之外，還可能有外露的電線和位於高處搖搖欲墜的物件，如前文所述，可能是吊船或建築用的天秤。在這情況下，市民應該繼續留在安全的地方，如果必須外出，便要步步為營。

另外，就算 8 號信號已被較低的信號取代，大家也要繼續留意天氣及交通等消息，以策安全。

颱風「山竹」蹂躪香港痕跡

熱帶氣旋「山竹」吹襲本港期間，多區樹木倒塌，阻塞交通，甚至可能有未完全斷裂的樹木突然倒下：

沙田城門河（相片提供：MCW）

火炭（相片提供：Lee Kwok Choi）

大角咀附近（相片提供：劉國業）

黃大仙彩雲邨（相片提供：Jordan Ip）

本港多處地區受猛烈的強風破壞：

紅磡（相片提供：Alex Ng）

大灣（相片提供：Brian Ng）

瑪嘉烈醫院（相片提供：Paul Leung）　　　　長洲東灣（相片提供：Gary）

有船隻擱淺、沉沒或受嚴重破壞，情況嚴重：

西貢（相片提供：Liu Yiu Kwong）　　　　西貢（相片提供：Simon Wong）

沙田城門河（相片提供：Wallace Chan）　　沙頭角（相片提供：carboywong）

風暴潮及大浪所帶來的水浸和破壞，令多區滿目瘡痍：

小西灣杏花邨（相片提供：Mt Kin）

將軍澳南海濱長廊（相片提供：Perry Tam）

將軍澳南海濱長廊（相片提供：Eric Chan）

沙田第一城（相片提供：Kwok Oi Ting）

「山竹」襲港後，由於架空電纜遭到塌樹損壞，東鐵綫未能於 8 號烈風或暴風信號取消後全面通車，也導致大批市民滯留車站。

船隻颱風遇險事故

現代通訊發達，船隻能較早得知風暴消息，及早迴避或做好防風措施。然而，偶爾仍會發生一些事故，例如在 2017 年熱帶氣旋「苗柏」襲港期間，一艘郵輪離開維多利亞港出海避風時，在東龍洲至橫瀾島之間航行時，據船長所述，由於海浪在淺水區突然增大，高達十米的海浪越過船首，導致郵輪第六層以上的電力裝置及電燈全被破壞。

一般情況下，在海上作業的漁船也會因應颱風預警盡早回港進入避風塘避風，但近年仍然有漁船因颱風突然增強而遇險的情況。例如 2013 年的熱帶氣旋「蝴蝶」，在 9 月 28-29 日期間由強烈熱帶風暴增強至強颱風，5 艘在西沙群島附近的漁船遇險，其中 3 艘沉沒，共 74 人失蹤。

在任何情況下，漁船船東/船長須：

1. 充分了解漁船穩定性及影響因素，避免在大風浪情況下進行收集漁獲作業；
2. 提高安全航行意識，包括小心謹慎駕駛，時刻留意天氣變化，積極採取應對惡劣天氣的措施，如調整航向，返航或避風等；及
3. 加強漁船船員在穿着救生衣和棄船等救生技能上的培訓及應急演練。

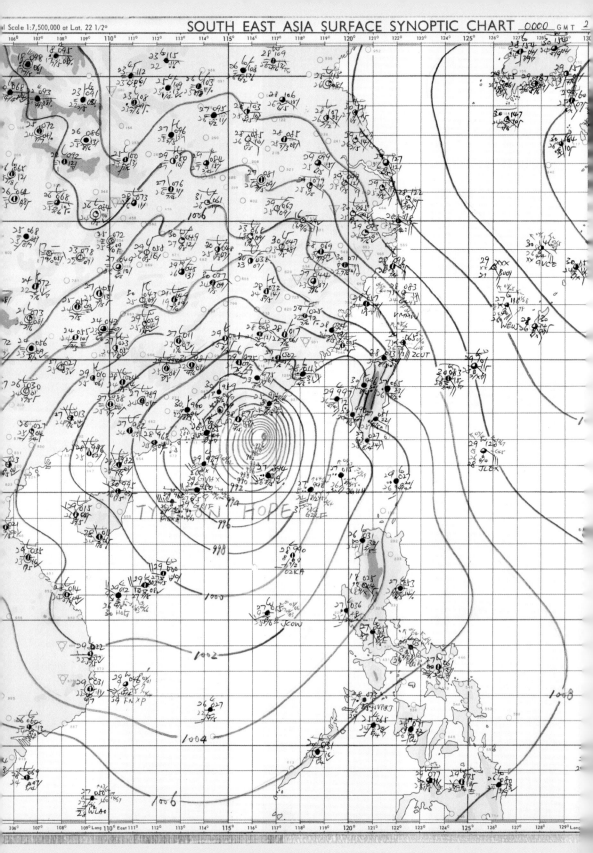

1979年8月2日早上8時的地面天氣圖：颱風「荷貝」來勢洶洶。（圖片來源：香港天文台）

第七章

風災之最

香港自開埠以來，多次受到颱風的嚴重影響，
造成人命傷亡，亦刷新多項天氣紀錄。
雖然近年颱風造成傷亡減少，
大家不可掉以輕心，除了繼續做好防災工作，
更需要為氣候變化所帶來更多破紀錄的
極端天氣做好準備。

香港位於亞熱帶地區，毗鄰南中國海，過去曾多次遭受熱帶氣旋的嚴重破壞。

二次大戰前，香港曾經歷三次極為嚴重的風災，導致上萬人喪生，市面滿目瘡痍、船隻擱淺或沉沒，在今天看來好像匪夷所思。

早期的熱帶氣旋沒有名稱，嚴重的風災一般以當年的干支表示；而戰後的「溫黛」對於年長的一輩仍歷歷在目。

隨着預報技術及基礎建設的進步，近年本港在超強颱風「天鴿」和「山竹」的影響下，傷亡較過往的風災大大減少；但是，在全球暖化的背景下，熱帶氣旋強度將會增加，海平面會上升，風暴潮的威脅與日俱增。這個時候，我們不能自滿，需要不斷提高防災意識。以下我們一起看看過往香港的風災及熱帶氣旋的破壞記錄，給自己學習及警惕。

天干和地支

在中國傳統，「干支」是其中一種記錄年份的方法。

「天干」共有十個字，分別是甲、乙、丙、丁、戊、己、庚、辛、壬、癸；「地支」則有十二個，分別是子、丑、寅、卯、辰、巳、午、未、申、酉、戌、亥。天干和地支結合起來就是「干支」，從「甲子」開始、「乙丑」、「丙寅」，直到「癸亥」，共有 60 個組合。當你聽到別人說「過了一個甲子」，就知道是過了 60 年的意思。

香港的風災記錄

維港最強風暴潮──甲戌風災

甲戌風災在 1874 年發生,當時香港天文台尚未成立。從有限的數據中重新分析,該熱帶氣旋在 1874 年 9 月 23 日凌晨 2 時左右,在香港西南偏南約 60 公里掠過,隨後在澳門登陸。

根據數值模擬顯示,當時出現的風暴潮導致維港最高潮位上升至海圖基準面以上 4.88 米,比現有的實際紀錄還要高。

統計這場風災,導致香港及九龍(當年未有「新界」之稱)超過 2,000 人喪生,無數船隻沉沒及擱淺(圖 7.1),大部分道路因塌樹不能通行,房屋被吹到嚴重損毀的不勝其數,土瓜灣、馬頭圍等村落被夷為平地,而維多利亞城(今中西區及灣仔區一帶)也受到不同程度破壞,只有百分之四房屋逃過一劫。

澳門的災情更加嚴重,風暴潮引致嚴重水浸,令超過 5,000 人死亡,佔澳門當時的人口百分之八之多。

這次風災促使香港政府研究設立一所綜合負責觀象授時、地磁觀測及氣象觀測的天文台,最終香港天文台在 1883 年成立。

甲戌風災也令香港政府興建第一個具規模的避風塘 ── 銅鑼灣避風塘於 1883 年建成,為本地漁民和艇戶提供避風保護。

在甲戌風災後,東華醫院在不同地方將眾多遇難人事遺骸安葬。於 1880 年更於昂船洲發現百多具遺骸,東華醫院遂將遺骸安葬於雞籠環墳場,取名「遭風義塚」。1950 年代雞籠環墳場停用,「遭風義塚」重置於和合石墳場(圖 7.2)。

H.M. GUN-BOAT FLAMER AMIDST THE RUINS OF THE BOAT-HOUSE AND SWIMMING-BATH.

THE PACIFIC MAIL STEAM-SHIP COMPANY'S STEAMER ALASKA CAST ASHORE.

圖 7.1：《倫敦新聞畫報》插圖顯示，甲戌風災過後船隻損毀的情況。（圖片由岑智明先生提供）

圖 7.2：東華醫院在甲戌風災後，將部分遇
　　　難人事遺骸安葬於雞籠環墳場，取
　　　名「遭風義塚」。1950 年代雞籠環
　　　墳場停用，「遭風義塚」重置於和合
　　　石墳場。（圖片由岑智明先生提供）

袖珍颱風——丙午風災

丙午風災在 1906 年 9 月 18 日發生，是天文台成立後造成最大傷亡的
兩個風災之一，死亡人數超過 10,000 人，佔當時全港 32 萬人口超過
百分之三，記錄顯示大部分的死難者為漁民及水上人士。

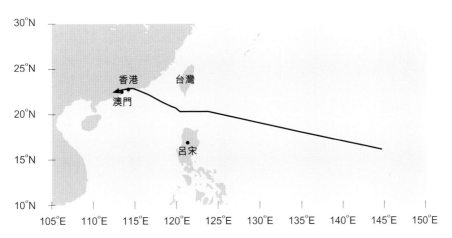

圖 7.3：造成丙午風災的颱風路徑。

圖 7.4：丙午風災期間，中環海傍之巨浪。（圖片由岑智明先生提供）

由於該風暴的環流極為細小，強風圈半徑不到 100 公里，加上缺乏觀測資料，天文台當年未能提前預警颱風之吹襲，沿海及海上民眾未及走避。雖然風災只持續約兩小時，但風力與巨浪（圖 7.4）所帶來的災害卻非常廣泛。海面的破壞較陸上嚴重，近 3,000 艘漁船及超過 600 艘遠洋輪船沉沒，政府及後興建油麻地避風塘及擴建銅鑼灣避風塘。

丙午風災造成比較觸目的遇難者，包括法國驅逐艦投石號（圖 7.5）上的 5 名官兵，以及聖公會霍約翰主教。為紀念投石號的遇難官兵，一些民間人士於 1908 年在九龍加士居道興建一座紀念碑；紀念碑後來因加士居道擴建而重置於香港墳場（圖 7.6）。

French Destroyer Fronde, damaged by typhoon of the 18ᵗʰ of September 1906

圖 7.5：丙午風災後，法國驅逐艦投石號（La Fronde）的損毀情況。（圖片由岑智明先生提供）

圖 7.6：
投石號紀念碑在現址香港墳場。
（圖片由岑智明先生提供）

因丙午風災造成重大傷亡及破壞（圖 7.7），政府成立獨立委員會，調查天文台是否需要負責。最後，調查結論認為天文台已經在可能範圍內盡早發出警告，故沒有失職。

S. P. Hitchcock and damaged wharves of Kowloon, she was sent ashore by typhoon of the 18th of September 1906

圖 7.7：尖沙咀九龍倉一帶滿目瘡痍，碼頭被毀，多艘輪船擱淺。（圖片由岑智明先生提供）

風力最強──丁丑風災

圖 7.8：丁丑風災的風暴潮，對大埔墟造成嚴重破壞。（圖片由岑智明先生提供）

1937 年 9 月 2 日發生的丁丑風災，為香港帶來當時破紀錄的風力，颱風的中心在香港南部掠過，天文台錄得的最高十分鐘持續風速為每小時 137 公里，而最高陣風為每小時 241 公里（這是當時風速計量度風力的極限），而位於北角的香港電燈公司的風速計更錄得每小時 269 公里的最高陣風，比 1962 年「溫黛」所錄得的每小時 259 公里最高陣風還要高。

這次風災的風暴潮也極為嚴重，受吐露港的地形影響，大埔的潮位曾上升至海圖基準面以上 6.25 米。歷史照片顯示，水退後大埔墟一片頹垣敗瓦（圖 7.8），皇后碼頭及九廣鐵路（沙田段）的地基亦被沖毀（圖 7.9 及 7.10）。風災造成約 11,000 人死亡，遇難者的屍體多在碼頭或海面發現，大埔也是另一個重災區，傷亡慘重。此外，近 1,900 艘漁

船及 28 艘遠洋輪船沉沒。

與丙午風災一樣，風暴潮是丁丑風災最致命的災害，但不同的是天文台已提前對該風暴作出預警，在 9 月 1 日凌晨懸掛 1 號風球，之後於 9 月 1 日下午及 9 月 2 日凌晨分別懸掛烈風及颶風信號，向市民發出預報及作出防範。

圖 7.9：
丁丑風災對皇后碼頭造成破壞。（圖片由岑智明先生提供）

圖 7.10：
丁丑風災的風暴潮，對九廣鐵路沙田一段路軌造成損壞。（圖片來源：政府檔案處歷史檔案館）

戰後最強——溫黛

「溫黛」這個颱風的名字，至今仍為老一輩香港人所熟知，其所創的多項戰後紀錄仍未被打破。單是天文台總部，溫黛保持了最高陣風（每小時 259 公里）及最低氣壓的紀錄（953.2 百帕斯卡）（圖 7.13）。

溫黛於 1962 年 8 月 27 日在西北太平洋形成，橫過呂宋海峽並進入南海（圖 7.11）。在 9 月 1 日早上，溫黛的中心橫過本港南部，眼壁曾擦過天文台（圖 7.12）。

溫黛最接近香港時正值漲潮，其帶來的風暴潮令最高潮位打破戰後儀器測量到的紀錄，鰂魚涌及大埔滘分別錄得海圖基準面以上 3.96 米及 5.03 米的水位。這次風災導致 183 人死亡或失蹤，7 萬多人失去家園，無家可歸，2,000 多艘船隻被摧毀（圖 7.15）。

圖 7.11：溫黛的路徑圖。

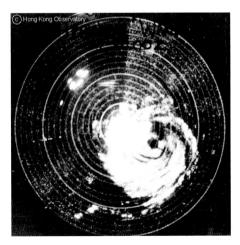

圖 7.12：1962 年 9 月 1 日上午 5 時正的雷達圖像，「溫黛」的中心在香港東南 70-80 公里，其風眼清晰可見。（圖片來源：香港天文台）

吐露港的風暴潮令沙田低窪地區，尤其是白鶴汀村一帶被淹浸，超過150人淹死。市區亦遭受不同程度破壞，道路被棚架及樹木堵塞（圖7.14），車輛被吹至翻轉，霓虹光管和招牌搖搖欲墮，滿街是雜物和垃圾。

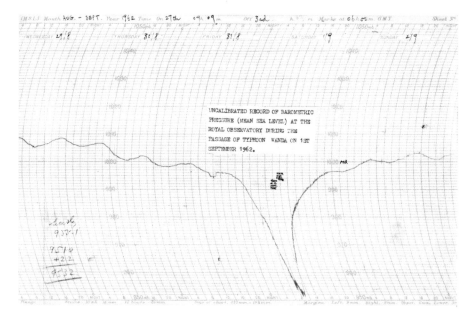

圖 7.13：「溫黛」的風眼經過香港時，氣壓急跌，創下歷來的最低紀錄 953.2 百帕斯卡。（圖片來源：香港天文台）

圖7.14：德輔道中被塌下的棚架堵塞，道路被阻，未能行車。（圖片由岑智明先生提供）

圖7.15：船隻於筲箕灣被毀的情況。（圖片來源：政府檔案處歷史檔案館）

近年最強──天鴿、山竹

1980 年代以後，香港基礎設施進步，加上政府和市民對颱風的警覺性提高了，颱風襲港下的傷亡數字大大減少，颱風對香港的影響主要在經濟損失的層面。

2017 和 2018 年，天文台發出 10 號颶風信號的「天鴿」和「山竹」，均為本港帶來強勁的風力和風暴潮，但幸運的是兩次風暴下本港都能做到「零死亡」的情況。

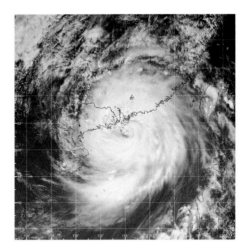

圖 7.16：2018 年 9 月 16 日正午時分的衛星圖像（向日葵 8 號），山竹的中心在香港以南海域。（圖片來源：香港天文台）

在天鴿及山竹影響本港期間，鰂魚涌所錄得的最高潮位僅次於溫黛，如果只考慮風暴潮的水位增幅，山竹則比溫黛還要高（溫黛和天鴿的風暴潮均疊加天文漲潮）（見表 5.2 及 5.3）。兩次風暴潮都令沿岸低窪地區出現淹浸（圖 7.20 及 7.21）。而山竹為本

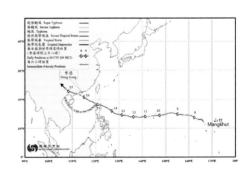

圖 7.17：山竹的路徑圖。

港帶來的風力比天鴿更高，風暴期間超過 4 萬戶停電，至少有 500 宗玻璃窗或玻璃幕牆損毀報告，逾 6 萬宗塌樹報告（圖 7.19），亦有約 458 人受傷，破壞為近年之最（圖 7.18）。

山竹的特點可以用三個字來概括──大、快、強。

> * 根據政府部門、新聞及社交媒體的資料，並非詳盡無遺。
>
> 受傷人數（人）　塌樹報告（宗）

>60000

458

2018 山竹

129　**>5000**

2017 天鴿

138　**>8000**

2012 韋森特

圖 7.18：2010 年代三個導致本港發出 10 號颶風信號的熱帶氣旋之中，山竹造成的受傷人數及塌樹報告明顯較多。

「大」是指環流廣闊，影響範圍大（圖 7.16）；「快」是指移動速度快，危險半圓效應明顯。「強」度方面，從山竹的路徑（圖 7.17）可見，山竹早在西北太平洋已增強為超強颱風，登陸呂宋前的中心附近最高持續風速達每小時 250 公里，遠高於超強颱風每小時 185 公里的下限。如果山竹襲港前沒有因呂宋的地形而減弱至每小時 175 公里的最高持續風速，本港的災情恐怕會嚴重得多。

另外，山竹亦是離香港最遠而令天文台發出熱帶氣旋警告信號的風暴。天文台為山竹發出 1 號戒備信號時，山竹離香港達 1,110 公里。

圖 7.19：山竹影響下，香港科學館外有樹木被連根拔起。（圖片由 TC Lee 提供）

颱風解密：你也可以做天氣達人！

圖 7.20：天鴿影響下，海水湧入小西灣運動場。（圖片由 Charmaine Mok 提供）

圖 7.21：天鴿影響下，杏花邨一個地下停車場被海水淹浸。（圖片由 Steve Lee 和岑富祥先生提供）

「山竹」對本港的破壞可參看天文台的互動地圖：

「天鴿」令杏花邨停車場被淹浸（影片由 Godfrey Ho 提供）：

本港熱帶氣旋紀錄

影響本港熱帶氣旋的紀錄五花八門，不能盡錄，以下為大家歸納一些有關熱帶氣旋警告、熱帶氣旋與香港距離及本地影響的主要紀錄。由於二戰前熱帶氣旋數據並不齊全，以下紀錄均由 1946 年起計，直至 2021 年。

月份	熱帶氣旋	紀錄項目	描述
1960 年 6 月	瑪麗	最長 8 號或以上風球懸掛時間	瑪麗靠近香港時移動較緩慢，最終更由南向北橫過香港西部，8 號或以上風球 [1] 維持了 66 小時 50 分鐘。
1962 年 9 月	溫黛	天文台最高持續風速、陣風、最低瞬時氣壓；鰂魚涌及大埔滘最高水位；死亡人數最多	見「戰後最強——溫黛」部分。
1964 年 9 月	桃麗達	最長熱帶氣旋警告連續生效時間	桃麗達遠離香港時在香港以南徘徊〔圖 7.22〕，熱帶氣旋警告連續發出 161 小時。
1967 年 4 月	維奧莉	年內最早風球	當年天文台在 4 月 9 日正午 12 時懸掛 1 號風球，並在翌日早上 9 時除下所有風球。
1986 年 8 至 9 月	韋恩	懸掛風球次數最多 [2]	韋恩的路徑曲折〔圖 7.23〕，8 月 19 日至 9 月 5 日期間天文台曾三度懸掛風球。
1999 年 8 月	森姆	最高總雨量 [3]	森姆及其相關的活躍西南氣流共為天文台帶來 616.5 毫米雨量。
1999 年 9 月	約克	最長 10 號風球懸掛時間	約克橫過本港時移動較緩慢，10 號颶風信號維持了 11 小時。
2012 年 7 月及 2018 年 9 月	韋森特及山竹	最遠 10 號風球	韋森特和山竹最接近香港的距離均為 100 公里。

2018 年 9 月	山竹	鰂魚涌及大埔滘最高風暴潮	該兩個潮汐站錄得的最高風暴潮分別為 2.35 及 3.40 米。
2021 年 10 月	獅子山	最遠 8 號風球；最高十月份單日雨量	位於海南島附近的獅子山和東北季候風的共同效應，令本港東南風風勢強勁。獅子山最接近香港的距離為 490 公里，而受其雨帶持續影響，10 月 8 日錄得最高雨量 329.7 毫米。〔圖 7.24〕
2021 年 12 月	雷伊	年內最遲風球	當年天文台在 12 月 20 日上午 11 時 20 分發出 1 號戒備信號，所有熱帶氣旋警告在 12 月 21 日下午 12 時 20 分取消。12 月 21 日也是當年的「冬至」日。

[1] 紀錄按現今 8 號熱帶氣旋警告的定義（1931 至 1972 年烈風信號的四個方向以 5 號至 8 號風球表示）。

[2] 從首次發出熱帶氣旋警告至取消所有熱帶氣旋警告作一次計算。

[3] 總雨量定義為風暴在香港 600 公里範圍內天文台總部的雨量，加上其消散或離開香港 600 公里範圍之後 72 小時期間的雨量。

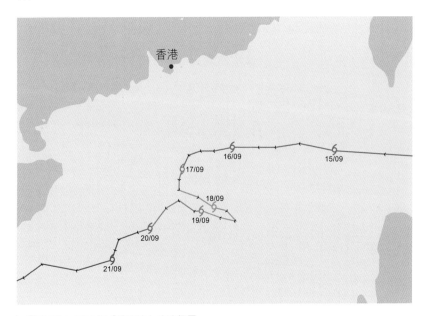

圖 7.22：1964 年「桃麗達」的路徑圖。

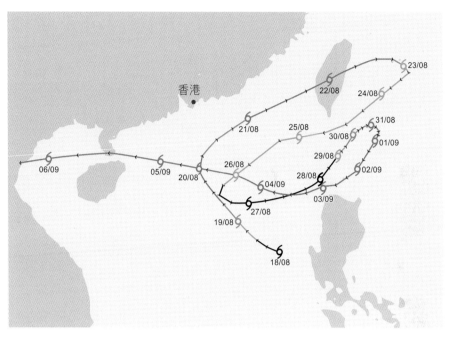

圖 7.23：1986 年 8 至 9 月「韋恩」的路徑圖。

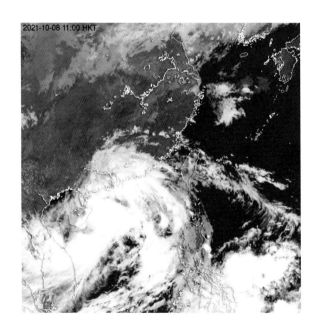

2021-10-08 11:00 HKT

圖 7.24：
2021 年 10 月 8 日早上的
衛星圖像（日本氣象廳向
日葵 8 號衛星），「獅子山」
的外圍雨帶正覆蓋珠江口
一帶。

6 熱帶氣旋紀錄 —— 世界之最

在西北太平洋以外，其他海域的熱帶氣旋亦各有特色，部分會對沿海國家造成嚴重災害。以下我們來看看一些全球的熱帶氣旋紀錄。

項目	年份	熱帶氣旋名稱	海域	紀錄
最低中心氣壓	1979	泰培	西北太平洋	870 百帕斯卡
最高持續風速	1961	蘭茜	西北太平洋	每小時 342 公里
	2015	Patricia	東北太平洋	
最高陣風	1996	Olivia	澳洲	每小時 408 公里
增強速度最快	1983	福雷斯特	西北太平洋	24 小時內下降 100 百帕斯卡
生命最長	1994	約翰	北太平洋	31 天
路徑最長	1994	約翰	北太平洋	13,280 公里
最大風暴潮	1899	Mahina	澳洲	約 13 米
死亡數字最高	1970	Bhola	孟加拉	超過 300,000 人
環流最大	1979	泰培	西北太平洋	烈風半徑約 1,100 公里
環流最小	1974	Tracy	澳洲	烈風半徑約 50 公里

註：全球氣象機構對熱帶氣旋的評估方法略有不同，以上的全球紀錄以世界氣象組織為準。詳情可參考：

▶

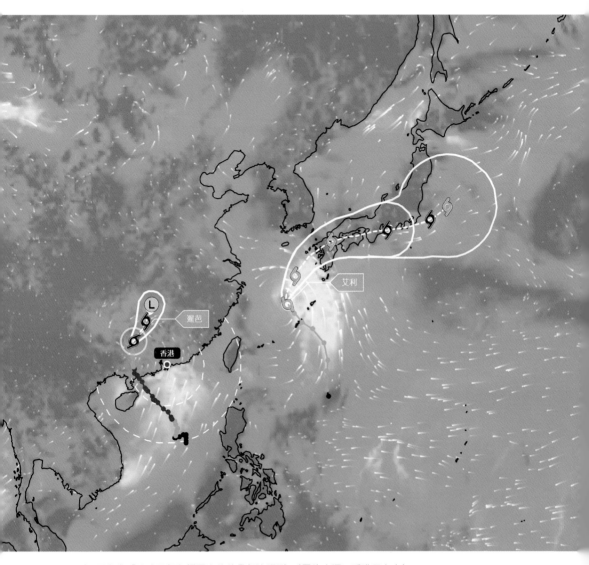

天文台「地球天氣」網頁上的熱帶氣旋預測。（圖片來源：香港天文台）

第八章

預測颱風

現今作颱風預測，
主要是靠「數值天氣預報模式」（即電腦模式）；
有技巧地綜合電腦模式預報和預報員經驗，
有助氣象中心提供更準確的預測，
當然誤差有時也是無可避免的。
確立預報之後，天文台會以多種方式發佈
熱帶氣旋預警及提醒市民相關的風險。

6 電腦模式運算出天氣變化

天氣變化離不開物理定律。

如果要掌握每個地方的天氣變化並將其量化，就要應用**電腦模式**。首先我們把陸地觀測、海上觀測、衛星、雷達、飛機及探空汽球等數據輸入電腦模式，然後電腦模式會使用物理方程式，來計算未來一段時間的天氣變化。一般來說，電腦模式是在超級電腦上進行計算的（圖 8.1）。

圖 8.1：歐洲中期天氣預報中心的超級電腦。（圖片來源： CC-BY 4.0，歐洲中期預報中心）

在一些氣象機構（如歐洲中期天氣預報中心）運行的電腦模式，因其範圍涵蓋全球，故名為**全球電腦模式**。現今的全球電腦模式很大程度能掌握熱帶氣旋未來數天的大致動向，但也並非萬能，不能避免出現誤差，而誤差會隨着預報時效增加而加大。不同的電腦模式運算方式及輸入數據都會有差異，這亦引致不同模式計算出來的結果有差別（圖 8.2）。因此，預報員在應用電腦模式的結果時需要考慮當中的不確定性（見第 175 頁「預測的不確定性」部分）。

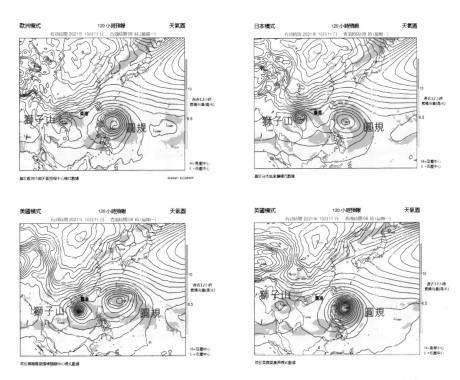

圖 8.2：各大模式對 2021 年 10 月的兩個熱帶氣旋（「獅子山」和「圓規」）的 120 小時預報，可見各預測的強度和位置都有顯著差異。

其他天氣模式

隨着近年熱帶氣旋研究愈趨成熟，一些預報中心亦開發了「颱風模式」，專門用作熱帶氣旋預報。

在香港，天文台自行研發的**中尺度區域模式**，結合全球模式及來自香港和鄰近地區的實時氣象數據，主要用於支援臨近和精細化預報。中尺度模式在未來亦會加入來自下投式探空儀（詳見第三章）的實測數據，能更準確地掌握實況，以加強預測風暴動向的準確性。

風暴潮預報模式

此外，為評估風暴潮（詳見第五章）對沿岸地區造成的威脅，天文台運行一套**風暴潮預報模式**，名為 SLOSH。這是根據風暴路徑、強度、大小以及海床、海岸線等多種因素，預測香港不同地點的水位變化（圖 8.3）。天文台近年亦積極開發**海洋模式**（圖 8.4），提升預測南海及西北太平洋海水溫度、海流和浪高的能力。

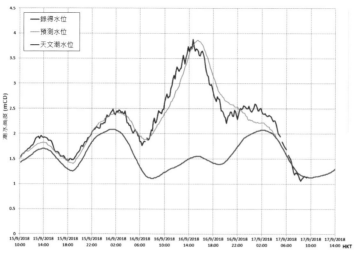

圖 8.3：
2018 年山竹襲港期間，鰂魚涌錄得的水位的時間序列以及 SLOSH 的預測。潮水高度以海圖基準面（CD）為參考基準。

圖 8.4：
2021 年 4 月 20 日的海流流速分析。超強颱風「舒力基」當時集結在呂宋以東海域，該區海流流速明顯較高（圖中黃圈內）。

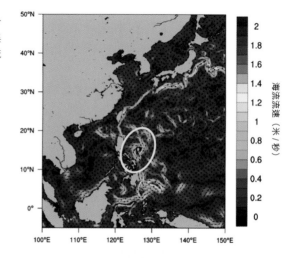

國際與區域合作

天氣無疆界，世界各地在氣象上都積極合作。「世界氣象組織」是聯合國之下的一個組織，目標為促進全球氣象信息交換、建立各地之間的合作及鼓勵氣象研究與培訓。

世界氣象組織設有區域專業氣象中心及熱帶氣旋警報中心（圖 8.5），為各區成員提供熱帶氣旋預報資訊。天文台是世界氣象組織的地區成員，一向積極參與及推動世界氣象組織的合作計劃，包括熱帶氣旋方面的工作。

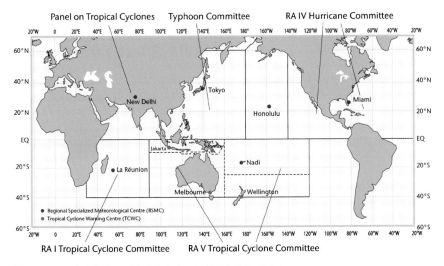

圖 8.5：世界氣象組織區域專業氣象中心及熱帶氣旋警報中心。

世界氣象組織與亞洲及太平洋經濟社會委員會設立了「颱風委員會」，由成員輪流每年擔任主席，天文台是創會成員之一。颱風委員會負責協調亞洲及太平洋地區防災規劃和措施，以減輕颱風及其他相關自然災害造成的生命及財產損失。

當有熱帶氣旋可能影響廣東，特別是珠三角一帶時，中國氣象局的中央氣象台與粵、港、澳的氣象中心會保持密切聯繫，互通信息，有需要時進行視像會商，就熱帶氣旋的預測、其帶來的潛在威脅，以及應對策略交換意見。

惡劣天氣信息中心

香港天文台受世界氣象組織委託，開發及管理一系列全球天氣信息服務，當中包括「惡劣天氣信息中心」網上平台。網站匯集了全球各地官方天氣警告及信息，包括熱帶氣旋實況及預測路徑、大雨及烈風報告等。詳情可瀏覽以下網址：https://severeweather.wmo.int/v2/。

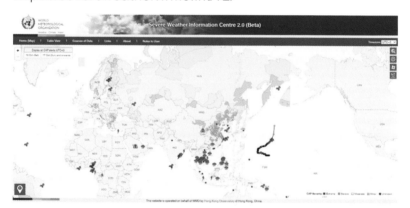

圖 8.6：「惡劣天氣信息中心」網上平台，顯示熱帶氣旋的實況及預測路徑，以及其他惡劣天氣信息。

預測的不確定性

大氣是一個混沌的系統，大氣的運動多少帶隨機性，我們也不可能準確掌握整個大氣的觀測數據，所以利用數值預報模式作預測時，無法避免出現誤差，而誤差會隨預測時間增加而增大。有人將這個現象比喻為「蝴蝶效應」。

雖然可能有點誇張，最常見形容這種效應的是：「一隻蝴蝶在巴西輕拍翅膀，可以導致一個月後德薩斯州的一場龍捲風。」也許，古人說：「差之毫釐，謬以千里」可能是一個更貼切的形容。

熱帶氣旋的暴雨難測

暴雨由強烈的對流活動引起，相關的雷雨區發展相當迅速而且具隨機性，短時間內可以有很大變化，按目前科技水平，數小時前預測暴雨的誤差相當大。

熱帶氣旋「獅子山」在 2021 年 10 月 8 日為香港大部分地區帶來超過 200 毫米雨量（圖 8.7），與兩天前電腦模式預測當日香港的雨量有頗大差異（圖 8.8），反映出預測的不確定性較大。

颱風解密：你也可以做天氣達人！

小知識

熱帶氣旋的暴雨難測〔續〕

2021 年 10 月 8 日的總雨量（基於雨量計及雷達數據）

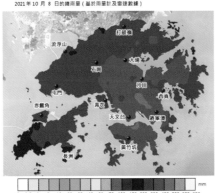

mm
0 0.5 2 5 10 20 30 40 50 70 100 150 200 300 400 500 600>600

香港天文台
HONG KONG OBSERVATORY

圖 8.7：2021 年 10 月 8 日的全港累積雨量。

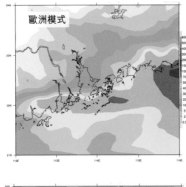

歐洲模式

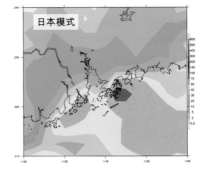

日本模式

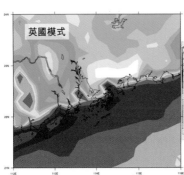

英國模式

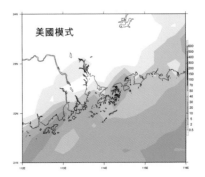

美國模式

圖 8.8：各大模式在 2021 年 10 月 6 日對 10 月 8 日香港附近的全日雨量預測，顏色對應的雨量與圖 8.7 一致。

模式集合預報，減低誤差

為了反映預報不確定性的大小，氣象學家發展出「模式集合預報」。
集合預報在同一時間運行多個略有不同初始條件的電腦模式，藉此求
出未來天氣中可能出現的情景。這些情景的可能性通常會以概率表
達，當預測的概率愈高，表示不確定性愈小。

圖 8.9 顯示兩個不同例子。左圖是 2021 年 10 月的熱帶氣旋「圓規」，
顯示圓規的預測路徑相當集中，在香港以南經過的概率相當高（以深
紅色表示），代表這個預報路徑的不確定性較低（即確定性較高）。

右圖是 2021 年 9 月的「燦都」。相比左圖「圓規」，右圖則顯得分散
甚至出現「分岔」，可能向西行接近香港，亦可能在台灣附近轉北。
右圖可見「分岔」以後的預測概率較低（以淺藍及深藍色表示），代
表預測路徑的不確定性較高，預測誤差會較大。結果燦都在台灣以東
轉北，對香港沒有影響。

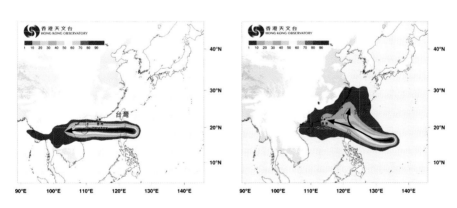

圖 8.9：2021 年 10 月「圓規」（左圖）、2021 年 9 月「燦都」（右圖）的熱帶氣旋路徑概率預報
圖。藍、綠色代表該熱帶氣旋經過所示地方的概率較低，橙、紅色則代表較高。黑色箭
咀表示熱帶氣旋未來較可能的移動路徑。

在業務運作上，香港天文台使用「多模式集成預報」的方法制定預測路徑。集成預測路徑從多個模式的預測路徑取加權平均後得出。從熱帶氣旋「舒力基」的例子（圖8.10）可見，集成預報得出的首五天預測路徑（淺綠色）與實況路徑（黑色）較一致，比個別模式的路徑為佳，能減少預報誤差。

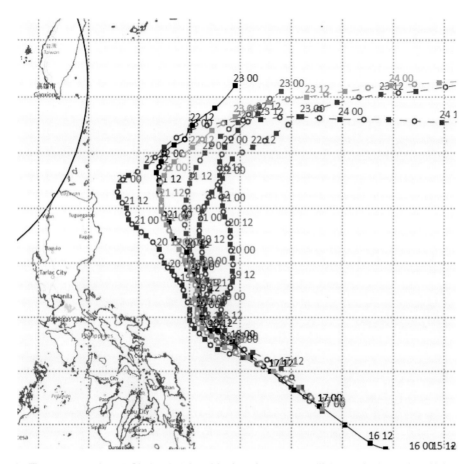

圖 8.10：2021 年 4 月「舒力基」的實際路徑（黑色）及不同電腦模式的預測路徑，包括歐洲（紅紫色）、英國（藍色）、美國（藍綠色）及日本（紅色）模式。綠色線是多模式集成預報路徑。（背景地圖：Open Street Map，openstreetmap.org）

天文台預測有多準？

圖 8.11 顯示天文台預測熱帶氣旋路徑位置的準確度，可見過往十多年，24-、48- 及 72- 小時預測準確度由分別約 150 公里、250 公里及 400 公里提升至約 80 公里、120 公里及 200 公里。

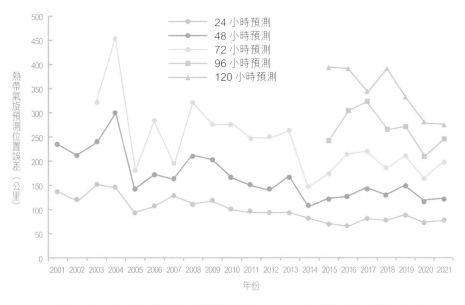

圖 8.11：天文台熱帶氣旋路徑預測準確度（2001-2021）（資料來源：香港天文台）。

 ## 香港獨有工具 ──「豬腰」與「沙灘球」

正如第五章介紹，天文台利用「豬腰」和「沙灘球」兩個工具，來幫助預測熱帶氣旋影響下香港的風速及風向。

當然，預報員亦會參考電腦模式的風速及風向預測結果，進行綜合評估。

圖 8.12：2019 年 8 月 28 日黃昏，從油塘向西望向維港，當時熱帶氣旋「楊柳」正橫過南海中部，1 號戒備信號生效。（攝影：Kenny Ho / CWOS）

睇天能預測？

有説熱帶氣旋來臨的黃昏，是捕捉漫天紅霞的最佳時機。紅霞出現時，很多人都在社交群組爭相分享晚霞、「火燒天」的照片（圖 8.12）。

事實上，在日出和日落時，陽光照射角度較低，光線到達前經過厚厚的大氣層，如果空氣中的水汽、水滴、塵埃較多，光線會被散射，來到我們眼前只剩下紅色和橙色光。因此，只要大氣中的水汽充足，則有機會出現紅霞，熱帶氣旋是水汽的其中一個來源，但紅霞是否出現要視乎當時的大氣條件而定。

此外，熱帶氣旋也有機會帶來被稱為「魚鱗雲」的卷積雲（圖 8.13）。傳統諺語云：「魚鱗天，不雨也風顛」，形容卷積雲出現後天氣多會轉壞。

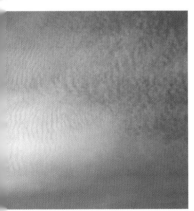

圖 8.13：佈滿卷積雲的
魚鱗天。

圖 8.14：2020 年 10 月 12 日黃昏攝於元朗大生圍，當時熱帶氣旋
「浪卡」逐漸靠近本港，3 號強風信號生效（攝影：Man
Hei Tsoi / CWOS）

解釋：這種雲的出現和強烈的對流相關，強烈的對流將水汽帶到高空
變為冰晶，隨着高空的風向飄移，形成魚鱗一樣的卷積雲。熱帶氣旋
是能引發強烈對流的天氣系統。你能在圖 8.14 的紅霞中見到卷積雲的
蹤影嗎？

6 天文台預報中心

每當預測有風暴可能會影響香港時，天文台的預報中心會緊密地監測風暴的生成和變化，以及留意電腦模式對風暴的預測。天文台的同事亦會進行討論和商議（圖 8.15 及 8.16），集思廣益，制定預報策略。

在熱帶氣旋警告生效期間，預報中心會發出天氣預測及預警，為公眾提供天氣服務。此外，預報中心還會與其他政府部門，包括負責應急的保安局等，保持密切溝通，提供最新風暴資訊。值得一提，熱帶氣旋警告的發出和取消是以公眾安全為前提的嚴謹決定，在仔細的氣象分析和詳盡的討論後，最後須由台長簽名作實（圖 8.17）。

圖 8.15：「山竹」襲港前兩天，天文台時任台長岑智明先生及相關同事在預報中心進行天氣會商。

圖 8.16：高級科學主任向台長簡報「山竹」的動向。

圖 8.17：時任台長岑智明先生簽署發出熱帶氣旋警告。

6 多渠道向公眾傳達熱帶氣旋信息

在公眾服務方面，天文台利用不同方式和渠道向市民提供最新與熱帶氣旋相關的信息。一般來說，天文台的最新天氣資訊均在天文台主網頁及透過各大傳媒發佈，也會在流動應用程式「我的天文台」不斷更新。

天文台網頁

當有熱帶氣旋進入南海或西北太平洋的指定範圍，或在該範圍形成時，天文台會發出熱帶氣旋的強度和路徑預報產品（圖 8.18）。在風暴來臨前，天文台會提前在九天天氣預報、特別天氣提示、天氣隨筆，以及在天文台的 Facebook 專頁講解熱帶氣旋的未來動向，以及其對本港的潛在威脅，包括狂風、大雨、大浪、湧浪及風暴潮，好讓市民可以盡早作準備。當熱帶氣旋警告發出後，市民更可從電台、電視台及其他傳媒了解風暴消息。

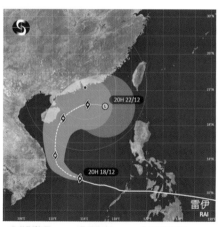

圖 8.18：熱帶氣旋路徑強度預報（左）和路徑概率預報（右）。

新聞發佈會

天文台定期舉行新聞發佈會（圖 8.19），講解熱帶氣旋的最新資訊及對本地天氣的影響，以及市民最關心的熱帶氣旋警告評估，錄影片段會上載到天文台的 Youtube 頻道。

圖 8.19：天文台高級科學主任主持熱帶氣旋新聞發佈會（背景衛星雲圖由日本氣象廳向日葵 8 號衛星提供）。

天氣熱線及「我的天文台」

除了從上述渠道外，市民可致電「打電話問天氣」熱線 1878200，收聽各區最新天氣報告、生效的天氣警告、天氣預測等資訊。市民亦可以透過該系統，以傳真索取熱帶氣旋路徑圖、天氣圖等資訊。

天文台流動應用程式「我的天文台」提供大量資訊，包括熱帶氣旋警告及預報信息（圖 8.20）。最近亦推出了「我的天氣觀察」功能，讓市民即時分享附近地區天氣現象的資訊，例如彩虹、雷暴、冰雹等。市民可從「我的天文台」觀看到其他市民在熱帶氣旋影響香港期間觀測到的天氣現象。

圖 8.20：「我的天文台」流動應用程式。

資料豐富的網上資源

天文台的「熱帶氣旋主頁」涵蓋了天文台大部分與熱帶氣旋相關的連結，包括實時熱帶氣旋資訊、過去熱帶氣旋資料及統計、熱帶氣旋警告系統及演變，以及熱帶氣旋教育資源等一應俱全。此外，天文台亦拍攝了多集氣象冷知識，以及撰寫天文台網誌和天氣隨筆，介紹熱帶氣旋相關知識和預報過程。

▶ 天文台「熱帶氣旋主頁」

▶ 天文台網誌

▶ 天氣隨筆

▶ 氣象冷知識：
香港颱風之最

▶ 氣象冷知識：
香港最惡劣風災

▶ 氣象冷知識：
溫黛 —— 戰後最嚴重風災

▶ 氣象冷知識：天鴿特輯
—— 天鴿「升格」？

▶ 氣象冷知識：天鴿特輯 風
大 = 雨大？

▶ 氣象冷知識：天鴿特輯
—— 都是風暴潮惹的禍

▶ 氣象冷知識：
天鴿特輯 —— 澳門災情
百年一遇？

▶ 氣象冷知識：
天鴿特輯 —— 渠務工程可
否力抗風暴潮？

▶ 氣象冷知識：
橫瀾島 —— 山竹前後

▶ 短片：
台長講颱風

▶ 天文台網誌：
令我們覺醒的「山竹」

▶ 天氣隨筆：
來去匆匆的海高斯

小知識

天文台個人版天氣網站

天文台個人版天氣網站讓用家可按個人需要，設定其最關心的資訊，在版面上一目了然。當有天氣警告發出或預料惡劣天氣來臨時，部分項目如天氣警告會自動顯示。最新版本除了繁體中文、簡體中文和英文外，同時以八種少數族裔語言提供基本天氣資訊，包括最新天氣報告、天氣警告、九天天氣預報、熱帶氣旋路徑、雷達、衛星及閃電圖像等，有助所有市民計劃日常活動及為天氣變化作準備。詳情可參看：

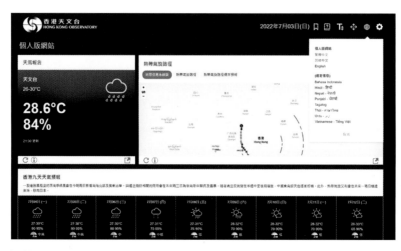

圖 8.21：天文台個人版天氣網站頁面。

適時預警，減少對社會的影響

近半個多世紀，熱帶氣旋在香港造成的死亡人數不斷減少（圖 8.22），而 2010 年代的三次 10 號風球均能做到「零死亡」，這除了因為基礎設施的加強和防災應急系統的完善，亦有賴電腦模式及氣象衛星的改進，能提供更準確的預測及觀測以助適時發放預警信息。

「山竹」正面吹襲香港前一週，天文台已主動聯繫各部門，提供「山竹」可能造成災害的最新分析，包括風力、暴雨和風暴潮的威脅，使部門有足夠時間調配人手、勘查工地、斜坡等高風險區域，以及撤離沿岸低窪地區的居民。在公眾信息發佈方面，天文台透過特別天氣提示、新聞發佈會和社交媒體等渠道，提醒市民及早為「山竹」帶來的惡劣天氣做好預防措施。

死亡人數

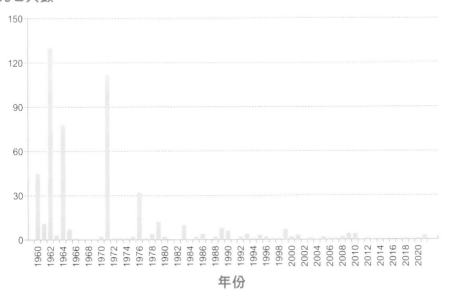

圖 8.22：熱帶氣旋在香港造成的死亡人數（1960-2021）。

此外，中央氣象台和粵港澳的氣象部門會在熱帶氣旋來臨前，舉行四地會商，分享預報思路和評估災害風險，齊心做好防災準備，這有助減少熱帶氣旋可能造成的人命傷亡及損失。以「山竹」為例，它對粵港澳大灣區造成的經濟損失，比同樣以強颱風強度登陸的其他風暴顯著較小（表 8.1）。

表 8.1：近年一些以強颱風強度（中心風力在每小時 150 至 184 公里）登陸中國或日本的熱帶氣旋所造成的經濟損失

年份	名稱	登陸地區	經濟損失 （億美元）
2019	海貝思	日本關東地區	36.0
2018	飛燕	日本關西地區	97.1
2018	山竹	粵港澳大灣區	19.5
2017	天鴿	粵港澳大灣區	41.1
2016	莫蘭蒂	福建省	45.2
2015	彩虹	廣東西部	38.5
2013	天兔	廣東東部	37.6

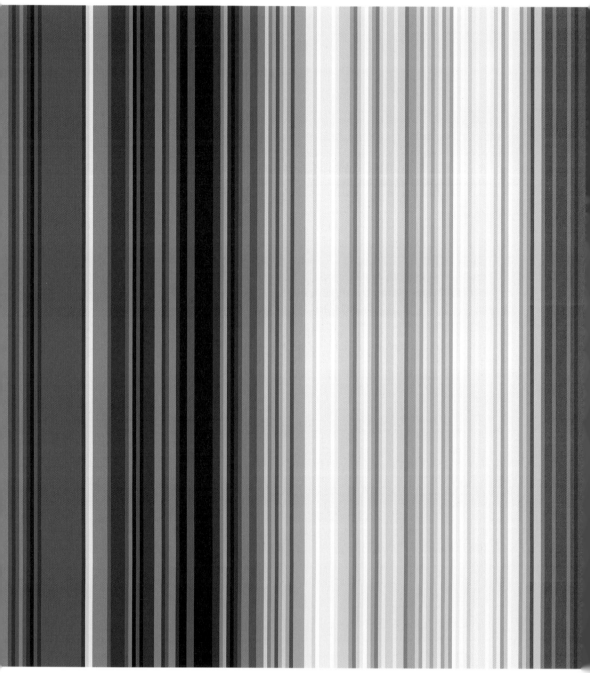

過去百多年，全球氣溫呈明顯上升趨勢。（圖片來源：CC-BY 4.0, Professor Ed Hawkins，
https://showyourstripes.info/s/globe）

第九章

氣候變化

急劇變化的全球氣候，
逐漸影響地球的溫度，
致冰蓋融化、海平面上升，
甚至增強熱帶氣旋的威力。
我們要提高警覺，減少排放溫室氣體，
為地球出一分力！

9 香港的風季

在香港，「風季」（颱風季節）指本地在一年中受熱帶氣旋影響的時段，一般以天文台於該年發出首個熱帶氣旋警告信號作為風季的開始，並以天文台取消該年最後一個熱帶氣旋警告信號為終結。

七月至九月是香港最有可能受颱風影響的月份，但一般由五月至十一月期間都會受熱帶氣旋影響甚至被吹襲（圖 9.1）。在西北太平洋及南海上，每年平均有 30 個熱帶氣旋形成，其中半數達到颱風強度；但隨着氣候變化，這些情況可能出現轉變。

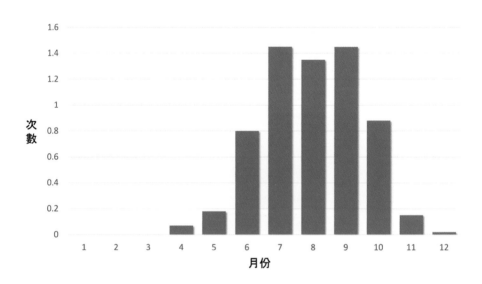

圖 9.1：影響香港的熱帶氣旋每月平均出現次數（1961-2020）。

全球變暖的影響

地球表面能夠維持適宜人類居住的溫度，其中適當的「溫室效應」是一個重要的條件。然而，自 18 世紀開始，經濟及工業活動急速發展，人類大量耗用地球上的能源和資源，尤其燃燒釋放大量溫室氣體的化石燃料，使大氣中溫室氣體（表 9.1）濃度增加（圖 9.2），引致溫室效應增強，並帶來全球變暖。人類對氣候的影響已超過了其他自然因素，例如太陽和火山活動。

表 9.1：三種最主要的人為溫室氣體

排名	溫室氣體	主要人為排放源
1	二氧化碳（CO_2）	化石燃料的使用及土地用途變化
2	甲烷（CH_4）	農業活動及化石燃料的使用
3	氧化亞氮（N_2O）	農業活動

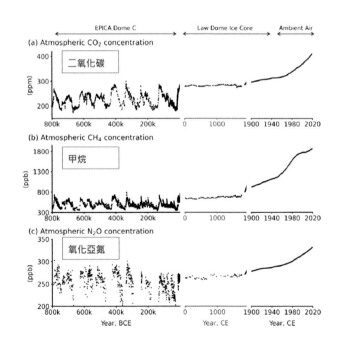

圖 9.2：
主要人為溫室氣體在大氣中的濃度變化（資料來源：IPCC 第六次評估報告，2021）

小知識

溫室效應

地球表面的熱量主要來自太陽，太陽輻射抵達地球後，部分被光亮的表面（如海冰、雲層）反射到太空，部分使地球升溫。地球表面向太空會釋放出紅外線，令地球冷卻。如果地球受熱和冷卻的程度相若，地球的長期平均溫度就會保持大致不變。

溫室氣體例如二氧化碳會吸收部分地球釋放的紅外線，然後再向四方八面釋放紅外線；部分紅外線會射出太空，但亦有部分射回地球，為地球表面加熱，這就是溫室效應。

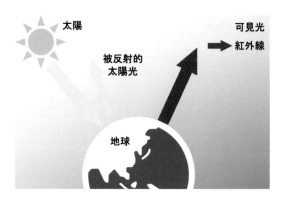

圖 9.3：
沒有大氣層，地球平均溫度只有約 -18℃（上圖）；有大氣層產生的溫室效應，地球目前的平均溫度約 15℃，其中的 1℃ 是人為溫室氣體所引致（下圖）。

海平面上升之危害

地球表面平均溫度上升，導致冰川和冰蓋融化（圖9.4），例如南極洲和格陵蘭都有大面積的冰蓋流失（圖9.5），這些融化了的冰會流入大海，再加上海洋受熱膨脹，使海平面上升（圖9.6）。視乎各國的碳中和力度，海平面將會繼續上升，以香港來說，最壞的情況可以在世紀末上升超過1米或以上（圖9.7）。

如是，地勢較低的沿海地區會被淹浸，陸地面積會減少，也更容易受到風暴潮的影響。因此，隨着海平面上升，當有熱帶氣旋帶來風暴潮時，以往200年才一遇的極端潮位，未來已經不需要200年可以一遇了，甚至是少於100年一遇（詳見第十章「溫黛200年一遇？」）。

短片：格陵蘭《逐冰之旅》（Chasing Ice〔英文版本〕）	文章及短片：南極洲西部崩塌（West Antarctica Collapse〔英文版本〕）

圖9.4：
陸地上的冰蓋融化，冰山從冰架斷裂，流向海洋。冰蓋的面積越來越少。

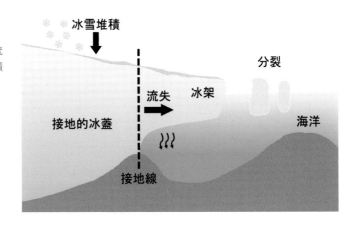

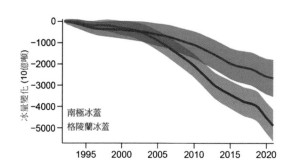

圖 9.5：
1992 至 2020 年期間，南極洲和格陵蘭冰蓋累積質量變化。彩色陰影顯示質量變化的很可能範圍。（資料來源：IPCC 第六次評估報告，2021；香港天文台）

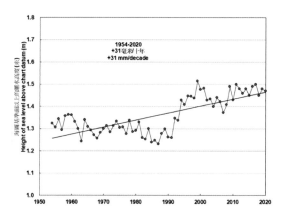

圖 9.6：
香港維多利亞港年平均海平面高度的上升趨勢（1954-2020）（資料來源：香港天文台）

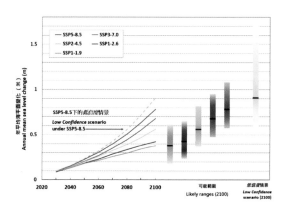

圖 9.7：
相對於 1995-2014 年平均，香港年平均海平面在不同溫室氣體排放的未來推算。（資料來源：香港天文台）

氣候變化影響熱帶氣旋活動

由於全球變暖，海洋的溫度持續上升，大氣中的水汽亦會增加，有利熱帶氣旋的發展和暴雨的出現。海平面上升亦令風暴潮的風險增加（表 9.2）。

有研究更指出，氣候變化對熱帶氣旋有以下影響：

1. **熱帶氣旋的移動速度可能變得稍為減慢，有機會使影響同一個地方的時間加長；**
2. **熱帶氣旋的增強速度會在氣候變化下加快，導致我們提前應對災害的時間縮短。**

表 9.2：氣候變化對熱帶氣旋的影響

在全球暖化的影響下	全球 [1]	西北太平洋 [2]
非常強烈的熱帶氣旋比例	可能會增加	增加
熱帶氣旋強度	增加	增加
與熱帶氣旋相關的降雨率	增加	增加 （在更暖氣候的地區）
風暴帶來的淹浸	更嚴重 （假設其他條件不變）	風暴潮的風險會加劇

[1] 世界氣象組織熱帶氣旋與氣候變化任務組，在 2020 年發表的評估（在不同海洋的未來推算可能存在差異）
[2] 聯合國亞洲及太平洋經濟社會委員會 / 世界氣象組織颱風委員會發表的第三次評估報告

「多災種」情景的破壞力

氣候變化對地球造成多種影響，這些影響可以疊加起來，發展成「多災種」情景，即超過一種災害同時出現，例如大風、風暴潮、暴雨、山泥傾瀉或會同時出現，比起單一災害造成的破壞力更強，防災應急工作更具挑戰。

大雨＋風暴潮＋風浪＋海平面上升

圖 9.8：「多災種」情景。

6 地球人共同協力

即使各國全面履行 2015 年巴黎氣候協定，全球溫度在 21 世紀末仍可能上升超過攝氏 2 度（相對於工業革命前的水平）。為了減緩氣候變化，我們需要採取一切行動以減少溫室氣體排放。同時，亦為全球暖化所帶來的影響作好準備，以適應更多極端高溫、更多極端降雨和海平面上升等情況。**其實每一個人應該出一分力，因為我們只有一個地球：人類的未來取決於我們的氣候行動！**

- 個人
  - 減少浪費資源
  - 停用即棄餐具
  - 出行選用多人共享的公共交通工具
- 政府及社會
  - 減少溫室氣體排放
  - 使用潔淨能源
  - 鼓勵市民減廢減碳
  - 進行公眾教育

節約能源

節約用水

減少駕駛

減少廢物

圖 9.9：大家應該共同減碳，邁向碳中和。

減低山洪暴發及水浸風險

加強沿岸地區設施，抵擋風暴潮及大浪

圖 9.10：為氣候變化做好應對準備。（右圖來源：香港天文台）

坊間流傳的「貨櫃碼頭風暴消息」，到底是否可信？（圖片由 David Lam 提供）

第十章

香港颱風十大迷思

坊間有很多對颱風的流言及謠傳，是真是假？

「雙颱風」很厲害嗎？

行雷就打不成風？

「李氏力場」存在嗎？

今次藉此機會，由本書主編岑智明先生，

從科學角度解開有關颱風的各種迷思，

也從有趣的坊間傳言加深對颱風的認識，

為大家釋除誤解，

從趣味話題中學習科普知識。

迷思一：
「李氏力場」之存在？

利用天氣作為香港「惡搞文化」的題材，最為人熟知的就是所謂「李氏力場」。

這個說法在坊間流傳的最少有三個含意：

一、指香港富商李嘉誠先生有能力控制特殊「力場」，可以令颱風改變移動路徑而不會吹襲香港；

二、指天文台在考慮社會及經濟因素後，傾向不在辦公時間發出 8 號烈風或暴風信號，令打工仔少放了「風假」；

三、甚至指天文台聽令於李先生而作出風球決定（圖 10.1）。

以上的種種說法都是無稽之談，但為甚麼會出現呢？

翻查網上記錄，「李氏力場」一說最早可能來自一條於 2006 年 12 月上載的 Youtube 影片，影片內說（作者亦事先

圖 10.1：打風時常見在網上流傳的惡搞圖片

聲明是純粹惡搞）李嘉誠可以掌控「李氏力場」令颱風不會吹襲香港，亦包括有一幕當年頗為熟悉的電視截圖：一名需要攬住電燈柱以免被強風吹倒的女士；於是「李氏力場」源於 2006 年 8 月颱風「派比安」事件的說法不脛而走。隨後於 2009 年 9 月，有網民以此為題在 Facebook 開設專頁。而「李氏力場」被報章報道則要到 2010 年，尤其在超強颱風「鮎魚」於 2010 年 10 月下旬過門不入後，更為熾熱。

後來，本書主編岑智明先生於 2011 年 4 月上任天文台台長後，需要走訪各個區議會介紹天文台的工作，並且回答議員的提問；當中竟不乏關於「李氏力場」的提問，可見「李氏力場」這個說法流傳甚廣。主編當年立即澄清，以正視聽，指出天文台在發出或取消熱帶氣旋警告的決定只考慮公眾安全和科學數據，並不考慮社會或經濟因素，再加上辦公時間（一星期約 40-50 小時）只佔所有時間（一星期有 168 小時）不到三成，所以市民對熱帶氣旋警告生效時間的觀感只是反映了這個實際情況。

天文台也做了一些公眾教育工作，包括主編與青少年對話及製作「氣象冷知識」視頻，指出「李氏力場」純屬笑話一則，而且熱帶氣旋的移動路徑在某些情況下的確會出現大幅度改變，例如在秋季受東北季候風影響（圖 10.2、10.3），以往一些熱帶氣旋的奇異路徑必定有科學解釋，希望市民不要誤信謠言。

圖 10.2：
2013 年 11 月的強颱風「羅莎」的倒 V 型路徑。

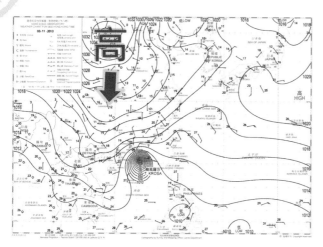

圖 10.3：「羅莎」受來自華北的東北季候風影響，路徑由原來的西北偏西變為西南，並且減弱。

但是有趣的是，香港政府新聞處的 Facebook 專頁也曾在 2016 年 8 月颱風「妮妲」襲港期間發帖文提到「李氏力場今次會唔會發揮作用呢？」（圖 10.4），令當時忙於處理颱風的主編啼笑皆非！

政府新聞網 ✓
2016年8月1日 · ⊙

【來勢洶洶】天文台發出咗三號強風信號！颱風妮妲正迅速接近廣東沿岸，本港黃昏時份風力會顯著增強，入夜後天氣迅速轉壞，有狂風大雨及大浪。天文台會喺 6 至 10 點考慮改發八號烈風或暴風信號。
大家記住做足防風措施，留意天文台嘅風暴消息。李氏力場今次會唔會發揮作用呢？

風暴消息及防風措施：http://bit.ly/1PFXG8E
最新熱帶氣旋路徑資訊：http://bit.ly/2asvpoH……查看更多

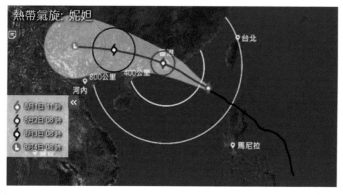

圖 10.4：
政府新聞處於 2016 年 8 月 1 日在 Facebook 的帖文。

迷思二：
貨櫃碼頭風暴消息

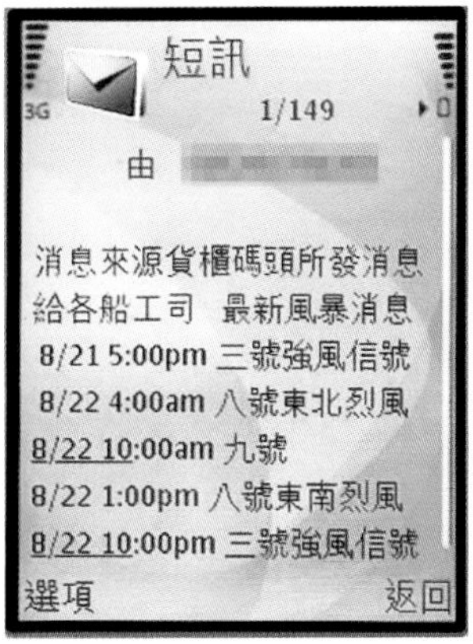

除了「李氏力場」這個笑話，每逢熱帶
氣旋襲港，幾乎都有所謂「貨櫃碼頭風
暴消息」通過互聯網或手機信息流傳，
預測警告信號在甚麼時候發出。

翻查網上記錄，最早的「貨櫃碼頭風暴
消息」於 2008 年 8 月 21 日颱風「鸚鵡」
襲港前廣泛流傳（圖 10.5），當時 1 號

圖 10.5：
2008 年 8 月颱風「鸚鵡」襲
港前，通過手機短信流傳的虛
假風暴消息。

戒備信號已經生效，主編當時在天文台預報中心，在旁觀察時任台長
林超英先生如何處理鸚鵡這個風暴，以累積經驗，所以也對這個「風
暴消息」有點印象。

為了澄清此虛假信息，天文台透過政府新聞處在當日下午發出新聞公
報（圖 10.6）。然而，其後仍有類似的虛假信息流傳，例如主編在
2012 年發出 10 號颶風信號的強颱風「韋森特」，同樣需要發出新聞
公報澄清。記憶所及，在此之後每當再有這些虛假信息，天文台會發
出「特別天氣提示」提醒公眾切勿誤信謠言。

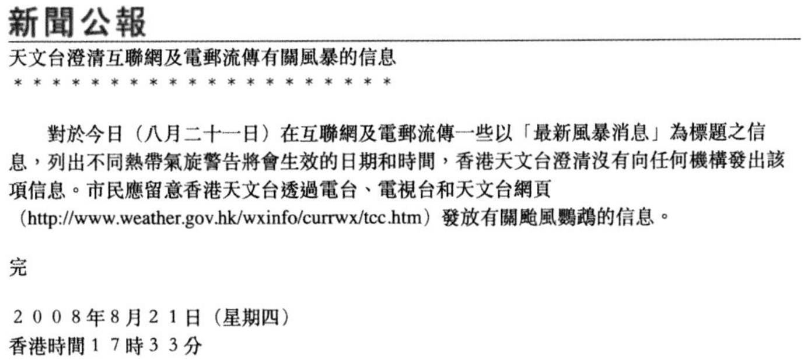

新聞公報
天文台澄清互聯網及電郵流傳有關風暴的信息
＊＊＊＊＊＊＊＊＊＊＊＊＊＊＊＊＊＊

　　對於今日（八月二十一日）在互聯網及電郵流傳一些以「最新風暴消息」為標題之信
息，列出不同熱帶氣旋警告將會生效的日期和時間，香港天文台澄清沒有向任何機構發出該
項信息。市民應留意香港天文台透過電台、電視台和天文台網頁
（http://www.weather.gov.hk/wxinfo/currwx/tcc.htm）發放有關颱風鸚鵡的信息。

完

２００８年８月２１日（星期四）
香港時間１７時３３分

圖 10.6：
天文台透過政府
新聞處於 2008
年 8 月 21 日發
出的新聞公報。

除了聲稱風暴消息來自貨櫃碼頭，有些謠言也聲稱來自船公司、航空公司甚至民航處的航空交通管理部。為甚麼謠言會來自這些機構呢？貨櫃碼頭比較容易理解，因為每當有熱帶氣旋影響香港，貨櫃碼頭都會宣佈一些運作安排，例如停止吉櫃交收，所以市民傾向相信貨櫃碼頭能從天文台掌握最新的風暴信息。其實，天文台確實有向相關部門及特殊用戶提供熱帶氣旋警告信號轉變的**概率預報**，但絕不會是這類詳細的風暴信號時間預測。如果大家稍作分析，不難看出每次的所謂「風暴消息」，例如 2008 年 8 月颱風「鸚鵡」的「預測」時間（圖10.5）最終與實際的時間不符（表 10.1），謠言不攻自破。

表 10.1　2008 年 8 月與颱風「鸚鵡」有關的熱帶氣旋警告信號發出時間

日期	信號發出時間	信號
2008/08/21	20:40	3 號強風信號
2008/08/22	07:40	8 號西北烈風或暴風信號
2008/08/22	13:40	9 號烈風或暴風風力增強信號
2008/08/23	00:40	8 號西南烈風或暴風信號
2008/08/23	02:40	3 號強風信號

迷思三：
「雙颱風」好勁？

近年，每次在南海或西北太平洋出現雙颱風，傳媒會大肆報道，例如 2021 年 9 月的「康森」和「燦都」，以及 2012 年 8 月的「天秤」和「布拉萬」。雙颱風是否真的很厲害？

先看看 2012 年的「天秤」和「布拉萬」：根據 2012 年 8 月 27 日的天氣圖（圖 10.7）及衛星雲圖（圖 10.8），清楚顯示兩股颱風分別佔據了南海北部和台灣以東的西北太平洋，「布拉萬」更是強颱風，而且曾短暫達到超強颱風的級數，其環流亦比「天秤」廣闊。

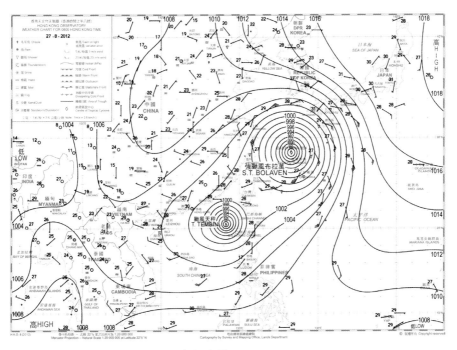

圖 10.7：2012 年 8 月 27 日早上 8 時的天氣圖。

圖 10.8：2012 年 8 月 27 日早上 10 時 40 分的真彩衛星雲圖（衛星圖像來自日本氣象廳 MTSAT-2 地球同步衛星，圖片由香港天文台提供）。

這對雙颱風並沒有給香港帶來破壞[1]，天文台只需要發出 1 號戒備信號。因為兩股颱風之間出現**藤原效應**（見第四章），而「布拉萬」的環流比「天秤」廣闊，於是「天秤」被「布拉萬」牽引，在南海北部打了一個轉後追隨「布拉萬」北上（圖 10.9）。兩股風暴在兩日之間先後吹襲朝鮮半島，帶來嚴重的破壞及人命傷亡，而台灣也受到「天秤」兩次襲擊。這說明雙颱風的影響需要視乎兩股風暴的相互作用和最終的移動路徑而決定。

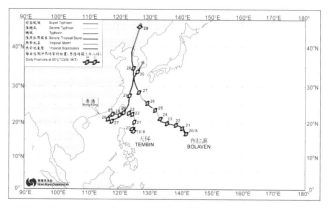

圖 10.9：2012 年 8 月，「布拉萬」及「天秤」的路徑圖。

1　但是因為海面有湧浪，兩人在西貢被大浪捲走，造成 1 死 1 傷。

相比「天秤」和「布拉萬」，「康森」和「燦都」這對雙颱風卻顯得遜色（圖 10.10）。一個原因是「康森」的強度較弱，最高達至強烈熱帶風暴級別，而且環流相對較細；二是因為環流相對細小的緣故，兩股風暴並沒有出現藤原效應，不像「天秤」受「布拉萬」牽引而出現其中一個風暴打轉及追隨另外一個風暴移動的情況。

相反，「康森」和「燦都」受南海北部的高壓脊影響而分道揚鑣（圖 10.11），最終香港不需要發出任何熱帶氣旋警告信號。這次 2021 年雙颱風結果是「雷聲大、雨點小」，只為香港帶來攝氏 34.5 度的高溫天氣。

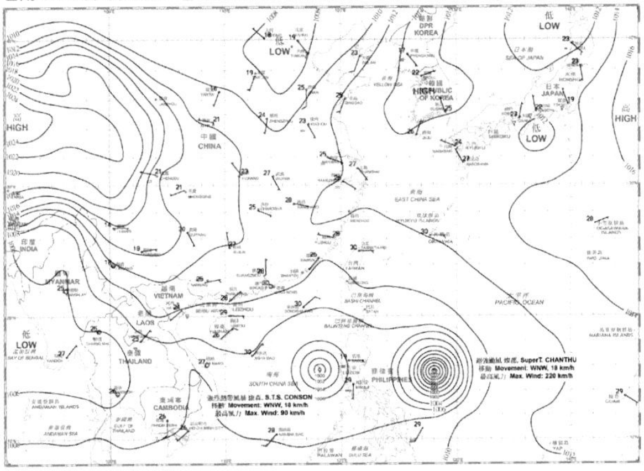

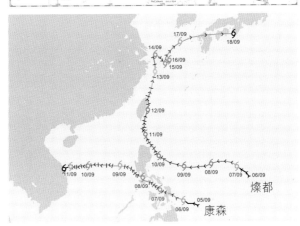

圖 10.10：2021 年 9 月 9 日早上 8 時的天氣圖。

圖 10.11：2021 年 9 月「康森」及「燦都」的路徑圖。

迷思四：
溫黛回馬槍？

1962 年 9 月 1 日颱風「溫黛」肆虐香港，造成極為嚴重的破壞和人命傷亡，當時的災情對上了年紀的朋友相信還非常深刻。但是，溫黛也為我們帶來了一些迷思和謠言。其中一個是本書主編在颱風講座後收到聽眾的提問：「請問溫黛是否回馬槍（即是去而復返），所以做成嚴重傷亡呢？」答案是否定的。看看溫黛的路徑圖（圖 10.12）就非常清楚了。

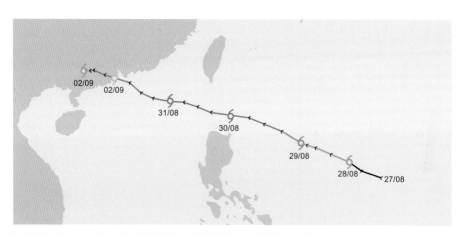

圖 10.12：1962 年 8 至 9 月「溫黛」的路徑圖，可見並非去而復返。

但是，香港究竟有沒有出現回馬槍的颱風而做成嚴重破壞呢？記憶所及，近四十年確曾出現過數次回馬槍，最近一次是 2007 年 8 月的「帕布」，由於「帕布」於 8 月 9 日在香港以南掠過後在西南方掉頭（圖 10.13），天文台需要於 8 月 10 日再次先後發出 1、3 及 8 號熱帶氣旋警告信號。

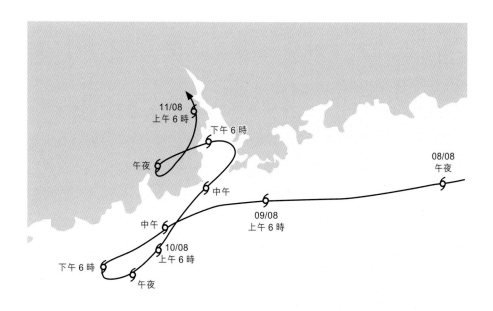

圖 10.13：2007 年 8 月「帕布」接近香港時的路徑圖。

另一次是 1999 年 6 月的「瑪姬」，她在 6 月 7 日凌晨正面吹襲香港，為香港帶來 9 號風球。之後，「瑪姬」迅速離開香港，風力減弱，所有風球於同日下午 2 時 45 分除下。但這個來得快、走得快的「瑪姬」，竟然於同日晚上在香港的西南掉頭，於是 1 號戒備信號在晚上 10 時 30 分再次懸掛，到了 6 月 8 日零時 45 分更需要懸掛 3 號風球。

2010 年 8 月的「獅子山」及 1991 年 9 月的「納德」也令天文台分別需要先後兩次及三次懸掛 1 號風球，更早的年份還有其他需要先後懸掛 1 號或 3 號風球的例子，但最令人難忘的一次回馬槍相信是 1986 年 8-9 月的「韋恩」（見圖 4.20 和圖 7.23），韋恩的路徑異常曲折，8 月 19 日至 9 月 5 日期間天文台曾三度懸掛風球，第一次需要懸掛 8 號風球，第二次懸掛 1 號，而第三次則懸掛 3 號。

不過，最強的回馬槍要算是 1978 年 7 月的「愛娜斯」（路徑見圖 10.14），她令天文台需要兩次懸掛 8 號風球，第一次於 7 月 26-27 日，東北及東南烈風或暴風信號先後持續了超過 28 小時，而第二次則於 7 月 29-30 日，東北、西北及西南烈風或暴風信號先後持續了接近 14 小時，而懸掛風球的總時間長度竟達 127 小時 40 分鐘之久。結果，雖然「愛娜斯」為香港帶來的破壞未算太嚴重，但是大雨引致水浸及山泥傾瀉，造成 3 人死亡，百多人受傷。「愛娜斯」所帶來的總雨量亦是歷年排行第五最高。

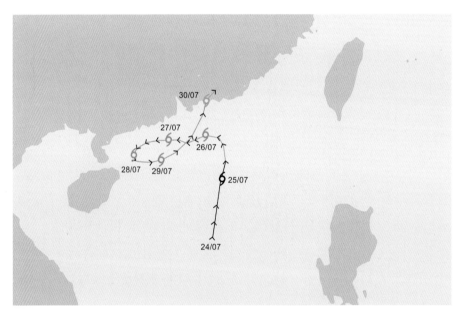

圖 10.14：1978 年 7 月「愛娜斯」的路徑圖。

迷思五：
溫黛車疊車？

在網上搜尋與溫黛相關的圖片，不難看見如圖 10.15 的震撼情景，地點是北角明園西街。溫黛除了為沙田帶來毀滅性的風暴潮，的確也為香港帶來颶風和暴雨。有不少網站會將類似照片與溫黛聯繫起來，甚至有一本關於香港颱風的書籍也用一張接近角度的照片作為封面。但是，這個車疊車的情景其實出自 1966 年 6 月 12 日的雨災，史稱「六六雨災」或「六一二雨災」。

圖 10.15：北角明園西街車疊車的震撼情景。（圖片由岑智明先生提供）

如何得悉此照片不屬於颱風溫黛？

主編翻查舊報紙，發現此情景其實曾在 1966 年 6 月 13 日的報章刊登過（圖 10.16），相中的汽車都可以從圖 10.15 及 10.16 一一對應。造成這個災情是因為暴雨引致位於北角半山的賽西湖水塘滿溢，汽車被洪水沖走而堆積在明園西街與英皇道的交界。天文台就「六六雨災」寫的報告亦有提及這次事故。

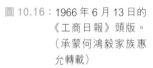

圖 10.16：1966 年 6 月 13 日的《工商日報》頭版。（承蒙何鴻毅家族惠允轉載）

為甚麼會出現這個 60 年不滅的誤會呢？

主編早前有機會認識一些收藏家，其中一位分享了由他當年親身拍攝的溫黛相集（圖 10.17），他告訴主編一個故事：當年有人以溫黛為題將圖 10.15 的照片參加一個攝影比賽，並且獲得冠軍。可能就是這個原因，這幅車疊車的照片就開始與溫黛扯上關係！

圖 10.17：溫黛相集。（圖片由岑智明先生提供）

迷思六：
溫黛 200 年一遇？

在 2017 年，當超強颱風「天鴿」吹襲港澳後，有區議員問主編：「這麼強的颱風應該要等很長的時間才會再出現嗎？有專家告訴我，當年更強的溫黛只是 200 年一遇。台長，我們毋須那麼擔心吧！」在此之後，主編每逢舉辦颱風講座，都會一再澄清這個 200 年一遇的問題。

其實，說「溫黛」是 200 年一遇，是考慮她當年所帶來的風暴潮：在 1962 年 9 月 1 日，「溫黛」為維多利亞港帶來 3.96 米（海圖基準面〔Chart Datum〕以上，之後用 mCD 表示）的最高潮位，更為吐露港帶來 5.03 mCD 的最高潮位。香港多處低窪地區被淹浸，沙田一帶更是重災區，漁船被沖至沙田戲院（圖 10.18），沙田墟（當年的市中心）更水浸至 10 呎，結果造成百多人死亡。

圖 10.18：漁船被風暴潮沖至沙田戲院。（圖片來源：政府檔案處歷史檔案館）

所謂 200 年一遇，是指溫黛為維港所帶來的 3.96 mCD 的潮位。這個 200 年一遇是基於自 1954 年開始，在維港有儀器量度潮汐之後約 60 年的數據統計。但隨着「天鴿」和「山竹」的出現，改寫了風暴潮的紀錄，這個 200 年一遇的潮位已經升高至 4.12 mCD，換言之，3.96 mCD 已不再是 200 年一遇，而是少於 100 年一遇了。

最重要的是：1954 年之前雖然沒有儀器量度的潮汐記錄，我們仍然能夠找到歷史上嚴重風災的風暴潮記錄或重新計算，尤其是 1937 年的丁丑風災及 1874 年的甲戌風災（詳見第七章）。首先，根據當年的肉眼觀測，丁丑風災為維港帶來的最高潮位達 4.05 mCD，比溫黛還要高。近年，天文台同事分析了甲戌風災的歷史資料，重新利用電腦模式計算所帶來的風暴潮及與當年的報章報道作比對，結果顯示維港的最高潮位達 4.88 mCD。如果將這些歷史風災的風暴潮數據也考慮在內，200 年一遇的維港潮位應是 4.49 mCD，而溫黛的 3.96 mCD 潮位的回歸期則縮短至不到 100 年一遇。因此，我們以後都不應該再稱溫黛是 200 年一遇了。

迷思七：
地下蓄洪池可以抵擋風暴潮？

在「天鴿」襲港後不久，一位政府工程部門的官員對主編説：「今次天鴿沒有造成嚴重水浸，是各區的地下蓄洪池發揮了作用！」

主編回應説：「今次天鴿所帶來的水浸源自於風暴潮，不是來自暴雨，蓄洪池真的能夠發揮作用嗎？」在此之後，主編做的颱風講座都會以此為題。

要回答這個問題，首先看看幾個地下蓄洪池的容量：

表 10.2 香港各區地下蓄洪池的容量

蓄洪池	容量
大坑東蓄洪池	10 萬立方米
跑馬地蓄洪池	6 萬立方米
上環蓄洪池	9 千立方米

毋可置疑，這些地下蓄洪池和配套設施（包括雨水泵房、安裝水閘的導流室和相關連接排水管道等）大大減低了因暴雨觸發的水浸，大家應該還記得上環海味街在 2005 年 6 月 24 日及 2006 年 7 月 16 日分別因「紅雨」及「黑雨」，再加上天文大潮導致排水問題而出現嚴重水浸。於是，在 2009 年建成上環地下蓄洪池，問題已經舒緩了許多。同樣道理，旺角、灣仔、銅鑼灣及跑馬地一帶的水浸問題亦得到了明顯改善。

不過，究竟這些設施是否能夠抵禦風暴潮呢？主編參考美國紐約和新澤西州在 2012 年颱風「桑迪」吹襲後的研究，當年颱風「桑迪」引

致的風暴潮導致廣泛嚴重水浸，多條地鐵管道及隧道被海水淹浸，其中新澤西州的霍博肯市（Hoboken）出現嚴重水浸，多區水深達 1-2 米或以上，直至第二天水浸還未完全退卻（圖 10.19）。研究結果顯示，霍博肯市（面積約 3 平方公里，大概相當於尖沙咀至油麻地的範圍），受到約 180 萬立方米的海水淹浸，即相當於 18 個大坑東蓄洪池的容量。可想而知，香港的蓄洪池對處理風暴潮所帶來的海水淹浸作用還是非常有限。

圖 10.19：霍博肯於颱風「桑迪」吹襲後第二天早上的水浸情況。（圖片來源：iStock.com / Andrey Gatash）

大家或許會問：「地下蓄洪池安裝了雨水泵房，應該會有幫助吧？」根據渠務署的資料，大坑東蓄洪池設有兩台抽水泵（另加一台後備泵），每台泵的泵水量為每秒 0.95 立方米，排走蓄洪池內 10 萬立方米的雨水需時 15 小時，即每小時只可排走 6,840 立方米的積水，對於風暴潮帶來的海水量，可謂九牛一毛。

從另一個角度來看，地下蓄洪池的設計是用來抵禦暴雨。從歷史風災經驗總結，風暴潮可以在兩三個小時內為低窪地區帶來 1-2 米甚至更高的水浸（圖 10.20）。翻查天文台記錄，香港三小時的最高雨量紀錄為 243.9 毫米（即 0.2 米）。因此，風暴潮所帶來的海水量可以是暴雨雨量的一個量級以上。這個結論與上述颱風「桑迪」的分析相當一致。

圖 10.20：一位攝影師講述「天鴿」吹襲澳門時，在草堆街的水浸高度達 2 米。（圖片來源：香港天文台）

迷思八：
台長自殺？

主編記得在以往的颱風講座中曾多次有觀眾提問：「是否曾有天文台台長因為延遲發出颱風預警引致傷亡慘重而自殺？」對於是與哪一個颱風有關則眾說紛紜，有人說是溫黛，也有說不清楚是哪個颱風。

處理 1962 年溫黛的台長是瓦特士（Ian EM Watts）博士，他於 1965 年退休。香港最嚴重的歷史風災中，傷亡最慘重的莫過於 1906 年的丙午風災和 1937 年的丁丑風災，引致超過一萬人死亡。

先說說丁丑風災，時任天文台台長是謝非士（Charles W Jeffries）先生，他於 1941 年 6 月 22 日因中風逝世，葬於香港墳場，是唯一一位於任內離世的台長。謝非士台長於 1937 年 9 月 1 日凌晨零時 35 分及下午 3 時 20 分先後決定懸掛 1 號戒備信號及 5 號烈風或暴風信號（相當於今天的 8 號西北烈風或暴風信號），之後於 9 月 2 日半夜 1 時 58 分懸掛 10 號颶風信號及鳴放風炮。雖然最終因風暴潮在晚間來襲而引致極為嚴重的傷亡，但丁丑風災不存在沒有預警的問題。

最有爭議的歷史風災可以說是丙午風災，因為天文台確實因當年的科技水平所限而無法提前懸掛風球及鳴放風炮預警，引致極為嚴重的傷亡。一個由港督成立的調查委員會確認天文台已經盡力在第一時間懸掛風球，沒有失職。但是，天文台第一任台長杜伯克博士有可能因此提早退休，或甚至是被勸喻提早退休。最終他於 1907 年退休離開香港天文台返回英國，在薩里郡建立名為「九龍」的私人天文台，進行了 34 年的天文觀測，所以，未能及時發出颱風預警屬實，但台長自殺則是謠言。

可是，謠言來自何方？這個問題終於被主編一位好友解答，他在舊報章找到兩篇關於香港風災的文章，都是在 1943 年日治時期刊登的，兩篇文章相隔只有兩個月，刊登於《香島日報》。第一篇文章（圖 10.21）寫道：「三十多年前的『八月初一』風災是香港歷史空前的巨變 ...... 這場風災過後，損失的浩大，是無從統計的。後來聽說那個天文師，因為自己感覺失職，結果自殺了 ......」這場三十多年前的「八月初一」風災正是發生於 1906 年 9 月 18 日的丙午風災，不過這篇文章的作者還是用上了「聽說」一詞。

第二篇文章於 1943 年 2 月 14 日刊登，題為「香港歷年之颶災」寫道：「第二場時為一九零六年九月廿八日（應為九月十八日）...... 即香港老街坊所稱之八月初一大風災一役；而天文台長，亦以疏忽職務，引咎自殺，以謝港人 ......」。此文言之鑿鑿，可見謠言迅速變本加厲，而且更能流傳至今天！

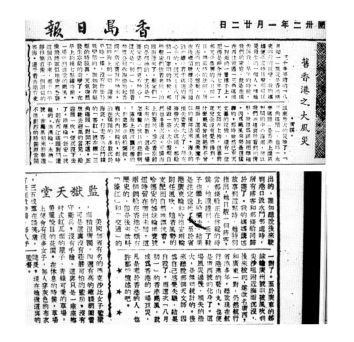

圖 10.21：
1943 年 1 月 22 日的《香島日報》刊登的一篇題為「舊香港之大風災」的文章。

迷思九：
行雷就打不成風？

小時候，主編曾聽母親說：「行雷就打不成風。」這是真的嗎？

其實，在熱帶氣旋來臨前，很多時候都會陽光充沛及天氣酷熱，這有利對流的發展而產生雷雨。2017 年 8 月 22 日「天鴿」吹襲香港前一天，當天下午的氣溫高達攝氏 36.6 度，打破了天文台歷年的最高氣溫紀錄，而高溫觸發的強對流亦在下午影響香港，帶來大驟雨和雷暴（圖 10.22）。大家當然還記得，天鴿在 2017 年 8 月 23 日正面吹襲珠江口，令香港需要發出 10 號颱風信號，所以，這句「行雷就打不成風」不攻自破。

雷暴和閃電在熱帶氣旋環流出現時，有時甚至是代表該風暴正在迅速增強。

2012 年 7 月 23 日，颱風「韋森特」逼近香港並且迅速增強。23 日晚上 10 時後，韋森特的風眼附近出現閃電，表示對流發展極為強烈（參看第三章「小知識：對流熱塔」）。

圖 10.22：2017 年 8 月 22 日下午 5 時的紅外線衛星圖像，可見華南沿岸出現雷
暴區，位於南海北部的颱風「天鴿」的風眼亦清晰可見。（衛星圖像來
自日本氣象廳向日葵 8 號地球同步衛星，由香港天文台提供）

迷思十：
核彈可以炸散颱風？

美國前總統特朗普曾詢問他的下屬：「為甚麼美國不能在風眼中投一個核彈，阻止颶風登陸？」其實這個想法並不新鮮，早於 1950 年代美國總統艾森豪威爾任內，已有政府科學家提出這個建議。

眾所周知，在大氣層引爆核彈（圖 10.23）會導致輻射物在大氣中擴散，對環境造成嚴重污染，並會影響人類健康。不過，我們暫且不談這個問題，只從物理學觀點來看，其實這個想法是否可行？

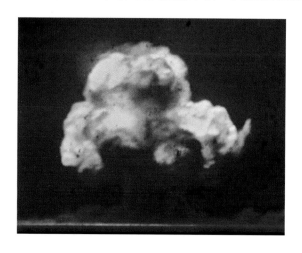

圖 10.23：
世界首次核彈試爆。（圖片來源：美國能源部 U.S. Department of Energy）

首先，核彈的破壞性主要來自它所引發的沖擊波效應。翻查網上資料，一般的核彈造成的沖擊波範圍大概十多公里，但是成熟颱風的範圍有數百公里，單單是風眼的範圍也有數十公里，可見核彈雖然破壞力極強，但影響範圍卻不足以撼動成熟的颱風。

從能量方面來看，一股成熟的颱風蘊含的能量達 1 千萬至 1 億兆瓦，這相當於每數分鐘至每數十分鐘引爆一個 1 千萬噸當量級數的核彈！一個核彈的能量相比於整個颱風的能量只是九牛一毛。

寫到這裏，主編想起 20 世紀第二大火山爆發——1991 年 6 月 12-16 日呂宋皮納圖博火山爆發，剛好遇到颱風「容雅」從西北太平洋移近並橫過呂宋，究竟這次風和火的對壘誰勝誰負？

比較 6 月 14 日及 15 日的人造衛星圖片（圖 10.24），可以見到颱風容雅的強度在 14 日達到頂峰後迅速減弱，有可能是容雅的螺旋雨帶與皮納圖博的火山灰混在一起，令容雅的水汽迅速被帶到地面。事實上，這些雨水和火山灰混合物，以及大雨所造成的火山泥流在呂宋奪取了八百多人的性命。皮納圖博火山噴出的氣溶膠更進入數十公里高的平流層，令全球氣溫在火山爆發後近兩年的時間內平均下降了約半度。

由此可見，火山爆發的威力可以比核彈更大，而且事實證明有能力將颱風減弱，但兩者同時出現卻帶來更大的災難！

圖 10.24：颱風「容雅」的強度於 1991 年 6 月 14 日早上達到頂峰（左圖），但隨着皮納圖博火山大爆發，「容雅」的螺旋雨帶於 6 月 15 日早上（右圖）與火山灰（右圖灰色區域）混作一團，「容雅」迅速減弱。（人造衛星圖片由美國海洋及大氣管理局提供）

你也可以做天氣達人！

颱風解密

主編
岑智明

統籌
香港氣象學會

執行編輯
莊思寧、莊民諾、林學賢

責任編輯
梁卓倫、簡詠怡

裝幀設計
鍾啟善

排版
楊詠雯

出版者
萬里機構出版有限公司
香港北角英皇道 499 號北角工業大廈 20 樓
電話：2564 7511　　傳真：2565 5539
電郵：info@wanlibk.com
網址：http://www.wanlibk.com
　　　http://www.facebook.com/wanlibk

發行者
香港聯合書刊物流有限公司
香港荃灣德士古道 220-248 號荃灣工業中心 16 樓
電話：2150 2100　　傳真：2407 3062
電郵：info@suplogistics.com.hk
網址：http://www.suplogistics.com.hk

承印者
寶華數碼印刷有限公司
香港柴灣吉勝街 45 號勝景工業大廈 4 樓 A 室

出版日期
二〇二二年七月第一次印刷
二〇二三年三月第二次印刷

規格
16 開（240 mm × 170 mm）

香港氣象學會鳴謝香港天文台允許採用其網站和文獻內的材料供出版之用。本書全部版稅收益將撥歸香港氣象學會作教育用途。

（封面圖片：2018 年 9 月 14 日上午 11 時的日本氣象廳向日葵 8 號衛星圖像）